AF315059

MÉCANIQUE APPLIQUÉE.

RÉSISTANCE

DES

VOUTES ET DES ARCS MÉTALLIQUES.

PARIS. — IMPRIMERIE DE GAUTHIER-VILLARS,
Quai des Augustins, 55.

RÉSISTANCE

DES

VOUTES ET ARCS MÉTALLIQUES

EMPLOYÉS

DANS LA CONSTRUCTION DES PONTS,

Par M. GROS DE PERRODIL,

Ingénieur en chef des Ponts et Chaussées, à Paris.

PARIS,

GAUTHIER-VILLARS, IMPRIMEUR-LIBRAIRE

DU BUREAU DES LONGITUDES, DE L'ÉCOLE POLYTECHNIQUE,

SUCCESSEUR DE MALLET-BACHELIER,

Quai des Augustins, 55.

1879

A

M. CH. DE FREYCINET,

MINISTRE DES TRAVAUX PUBLICS,

Hommage respectueux
et affectueux souvenir.

AUX PREMIERS SOUSCRIPTEURS

DE CET OUVRAGE :

MM.

PUGENS, ingénieur des Ponts et Chaussées à Toulouse;
BOUTILLIER, ingénieur des Ponts et Chaussées à Paris;
DE LA GOURNERIE, inspecteur général des Ponts et Chaussées à Paris;
HIRSCH, ingénieur des Ponts et Chaussées à Paris;
PETSCHE, ingénieur des Ponts et Chaussées à Paris;
GRAEFF, inspecteur général des Ponts et Chaussées à Paris;
V. HART, ingénieur des Ponts et Chaussées à Paris;
MANTION, ingénieur en chef des Ponts et Chaussées à Paris;
J.-B. LANCELIN, ingénieur des Ponts et Chaussées à Paris;
ROEDERER, ingénieur des Ponts et Chaussées à Senlis;
CAVEL, conducteur des Ponts et Chaussées à Condé;
CHEYSSON, ingénieur en chef des Ponts et Chaussées à Paris;
CAILLIÉ, ingénieur des Ponts et Chaussées à Figeac;
VILLER, ingénieur en chef des Ponts et Chaussées à Nancy;
GUILLAIN, ingénieur des Ponts et Chaussées à Dunkerque;
CHABAS, ingénieur des Ponts et Chaussées à Chalon-sur-Saône;
BAUER, ingénieur des Ponts et Chaussées à Nancy;
POTEL, ingénieur en chef des Ponts et Chaussées à la Rochelle;
L. LANCELIN, ingénieur en chef des Ponts et Chaussées à Paris:
PESLIN, ingénieur des Ponts et Chaussées à Lille:
MAURIS, ingénieur des Ponts et Chaussées à Semur;

MM.

Dupuy, ingénieur en chef des Ponts et Chaussées à Tours;
Duron, conducteur des Ponts et Chaussées à Guéret;
Aclocque, ingénieur en chef des Ponts et Chaussées à Lyon;
Weiss, ingénieur des Ponts et Chaussées à Nogent;
Couturier, conducteur des Ponts et Chaussées à Pontarlier;
Thurninger, ingénieur des Ponts et Chaussées à la Rochelle;
Luneau, ingénieur des Ponts et Chaussées à Arras;
Lavollée, ingénieur des Ponts et Chaussées à Paris;
Considère, ingénieur des Ponts et Chaussées à Saint-Étienne;
Philippe, ingénieur des Ponts et Chaussées à Paris;
Salles, ingénieur en chef des Ponts et Chaussées à Toulouse;
De Lagrené, ingénieur en chef des Ponts et Chaussées à Mantes;
Mancel, ingénieur des Ponts et Chaussées à Beauvais;
Vigan, ingénieur des Ponts et Chaussées à Nice;
Laterrade, ingénieur en chef des Ponts et Chaussées à Agen;
Reboul, ingénieur en chef des Ponts et Chaussées à Mâcon;
Mille, ingénieur des Ponts et Chaussées à Rennes;
Jacquet, ingénieur en chef des Ponts et Chaussées à Lyon;
Bousigues, ingénieur des Ponts et Chaussées à Mâcon;
Petit, ingénieur des Ponts et Chaussées à Lyon;
Fontaine, ingénieur des Ponts et Chaussées à Chalon-sur-Saône;
Metzger, ingénieur des Ponts et Chaussées à Saint-Flour;
Clavenard, ingénieur des Ponts et Chaussées à Cherbourg;
Vidalot, ingénieur en chef des Ponts et Chaussées à Carcassonne;
Chemin, ingénieur des Ponts et Chaussées à Laval;
H. Bonneau, ingénieur des Ponts et Chaussées à la Rochelle;
Lacaze, ingénieur des Ponts et Chaussées à Cahors;
Alard, ingénieur en chef des Ponts et Chaussées à Aurillac;
Moïse, ingénieur en chef des Ponts et Chaussées à Angers;
Barret, ingénieur civil à Marseille;
Gros de Perrodil (Alph.), à Paris;
Leblanc, ingénieur en chef des Ponts et Chaussées à Caen;
Paqueron, ingénieur en chef des Ponts et Chaussées à Orléans;
Belleville, ingénieur des Ponts et Chaussées à Béziers;
Mayer, ingénieur des Ponts et Chaussées à Roubaix;
Ménard, ingénieur des Ponts et Chaussées à Angers;
Parmentier, chef de section de la Compagnie d'Orléans à Périgueux;
Angiboust, ingénieur en chef des Ponts et Chaussées à Lorient;
Saintyves, ingénieur des Ponts et Chaussées à Rennes;
De la Barre-Duparcq, ingénieur en chef des Ponts et Chaussées à Châlons;
Carro, ingénieur des Ponts et Chaussées à Meaux;
Toubert, conducteur des Ponts et Chaussées à Perpignan;
Rancilla, sous-ingénieur des Ponts et Chaussées à Sézanne;

MM.

LESECQ-DESTOURNELLES, ingénieur des Ponts et Chaussées à Toulouse;
GILLIOT, ingénieur des Ponts et Chaussées à Tarbes;
SAVIN, ingénieur en chef des Ponts et Chaussées à Niort;
JUNCKER, ingénieur des Ponts et Chaussées à Rouen;
CHARDON, conducteur des Ponts et Chaussées à Corte;
J. LAPEYRÈRE, conducteur des Ponts et Chaussées à Marmande.

MES CHERS CAMARADES, MESSIEURS,

Vous avez bien voulu répondre à mon appel en souscrivant à mon Ouvrage sur la *Résistance des voûtes et des arcs métalliques*. J'ai reçu avec un vif sentiment de reconnaissance ce suffrage encourageant et flatteur, et ce m'est un devoir bien doux à remplir que de vous en adresser ici le témoignage sincèrement ému.

F. DE PERRODIL.

AVANT-PROPOS.

S'il m'a été donné de réaliser un progrès dans la branche des Mathématiques appliquées qui a reçu le nom de *Résistance des Matériaux*, que tout le mérite en revienne à mes devanciers.

Par les progrès antérieurs dus à leurs persévérantes études et d'éminents travaux, ils ont ouvert la voie vers d'autres progrès encore. Puissé-je l'avoir suivie! puissé-je acquérir le droit de me dire : « J'ai apporté une nouvelle pierre au noble édifice de la Science! » Ce serait la plus précieuse récompense de mes efforts.

AVERTISSEMENT.

Le présent Ouvrage n'est pas une application de la théorie de l'élasticité des assemblages moléculaires homogènes à une, deux ou trois dimensions, tels que fils, membranes ou solides, mais bien de la théorie de la lame élastique, dont Jacques Bernoulli est le premier auteur, et qui a été appliquée par Navier et plusieurs autres géomètres ou ingénieurs. Ainsi l'assemblage moléculaire, dont j'étudie l'équilibre, présente deux dimensions très-petites par rapport à la troisième, et les trois projections $u = \delta x$, $v = \delta y$, $w = \delta z$ du déplacement d'un point M ne sont point fonction des trois variables indépendantes x, y, z, coordonnées de ce point, mais d'une seule variable indépendante, qui est l'une des coordonnées du point d'intersection m d'une courbe directrice donnée, appelée *fibre moyenne*, par le plan normal à cette courbe, mené par le point M.

Je suppose, en effet, que les molécules situées dans un même plan normal ou dans une section normale conservent des positions relatives invariables, les diverses

sections normales pouvant seules se déplacer les unes par
rapport aux autres. Mais, tandis que Bernoulli, Poisson
et d'autres auteurs supposent qu'après le déplacement
les sections normales restent perpendiculaires à la courbe
sur laquelle sont situées les molécules de la fibre moyenne
primitive, je suppose, comme M. Bresse, que l'orientation
de la section normale déplacée ne satisfait pas à cette
condition. Elle ne peut être remplie rigoureusement, en
effet, que dans le cas où les pressions et tractions éprou-
vées par les divers éléments plans d'une section normale
sont perpendiculaires à cette section. Or cette pression ou
traction fait généralement un certain angle avec cette perpendiculaire, car, sans cela, la résultante de toutes les
actions analogues serait exactement perpendiculaire à la
section normale, et sa composante, suivant une droite
quelconque située dans le plan de cette section, serait
nulle; mais cette résultante est égale à celle des forces
extérieures appliquées à l'une des deux parties du solide
séparées par la section considérée, et celle-ci n'est nulle-
ment assujettie à la condition que sa projection sur le plan
de la section normale soit nulle. La théorie de M. Bresse a
donc, sous ce rapport, plus de généralité que la théorie
primitive, et je lui ai donné la préférence.

Je remarquerai, en terminant, que, dans les solides
élastiques satisfaisant à l'hypothèse de l'invariabilité des
sections normales, il n'y a pas à considérer les pressions
ou tractions exercées en un point donné sur les éléments
plans menés par ce point dans toutes les orientations pos-

sibles, qui sont représentées par les demi-diamètres d'un ellipsoïde, mais uniquement la pression ou traction exercée en ce point sur l'élément plan qui est orienté dans la section normale, cette action étant d'ailleurs généralement oblique, ainsi que je viens de le faire remarquer plus haut.

La conclusion de ce travail, que je publie aujourd'hui. et qui forme pour ainsi dire le premier Livre d'un *Traité de Résistance des matériaux*, est une méthode très-générale, permettant de déterminer, à l'aide de calculs très-pratiques et d'une épure analogue à l'épure dite de Méry. le tracé exact de la courbe des pressions et les valeurs numériques de la pression ou traction dont je viens de parler en tout point d'une voûte ou d'un arc métallique de forme quelconque, employé dans la construction des ponts.

ERRATA.

Page 48, ligne 3 en remontant, *au lieu de* $m_2 = \int_0^\alpha \left(\dfrac{\Pi\, r \sin^2 \omega\, d\omega}{1} \right)$,

lisez $m_2 = -- \int_0^\alpha \left(\dfrac{\Pi\, r \sin^2 \omega\, d\omega}{1} \right)$.

Même page, ligne 5 en remontant, *au lieu de* $\dfrac{\Pi\, r \sin^2 \omega\, d\omega}{1}$, *lisez*

$-- \dfrac{\Pi\, r \sin^2 \omega\, d\omega}{1}$.

RÉSISTANCE

DES

VOUTES ET DES ARCS MÉTALLIQUES.

CHAPITRE PREMIER.

ÉQUATIONS GÉNÉRALES DE L'ÉQUILIBRE DES PIÈCES PRISMATIQUES.

ARTICLE I.

DES PIÈCES PRISMATIQUES CONSIDÉRÉES DANS L'ESPACE.

1. Nous appellerons *pièce prismatique* un corps solide dont deux dimensions sont petites par rapport à la troisième. Une telle pièce peut être droite ou à faible courbure. Elle peut être considérée comme engendrée géométriquement par une figure plane à contour fermé, qui se meut de manière que son centre de gravité décrive une trajectoire droite ou courbe, que son plan reste normal à celle-ci, tandis que sa forme, ses dimensions et son orientation varient faiblement d'une extrémité à l'autre de la pièce. La trajectoire ou directrice reçoit le nom de *fibre moyenne*. La figure plane génératrice, dans chacune de ses positions, est une *section normale*. Son orientation est complètement déterminée par la condition d'avoir son plan perpendiculaire à la directrice et d'être elle-même orientée, dans son plan, par rapport à une droite prise dans son plan et faisant un angle donné avec l'un des trois axes coordonnés.

2. Le problème de la résistance des solides matériels est une question de Physique mathématique qui rentre dans la théorie de l'élasticité de ces corps. Cette théorie repose tout entière sur le principe suivant.

Lorsqu'un corps solide matériel n'est sollicité par aucune force extérieure, ses molécules occupent, à distance les unes des autres, certaines positions d'équilibre sous l'action de deux groupes de forces opposées, qui ont reçu le nom de *forces moléculaires* ou *intérieures*. Les unes, en vertu desquelles les molécules s'attirent, proviennent de la cohésion; les autres, en vertu desquelles les molécules se repoussent, proviennent du *calorique*. Si, par suite de l'application de forces extérieures, on augmente ou on diminue la distance de deux molécules, on développe entre elles une force, attractive dans le premier cas, répulsive dans le second, proportionnelle au rapport de l'augmentation ou de la diminution de leur intervalle à cet intervalle lui-même.

Si la grandeur absolue de ce rapport dépassait une certaine limite, par suite de l'application de forces extérieures trop grandes, la loi précédente ne serait plus vérifiée, et, après la suppression des forces extérieures, les molécules ne reprendraient pas les positions naturelles qu'elles occupaient dans leur état d'équilibre primitif. On dit alors que la limite d'élasticité est dépassée. Enfin, si l'on augmente encore l'intensité des forces extérieures, le déplacement relatif des molécules peut devenir assez grand pour que l'action de la cohésion soit entièrement annulée, et l'on produit alors la rupture du corps solide. La véritable solution du problème consiste à déterminer l'intensité des forces qui, étant appliquées à un corps solide, non-seulement n'en produiront pas la rupture, mais encore ne lui feront pas atteindre sa limite d'élasticité.

L'application du principe précédent conduit à des équations aux différentielles partielles du second ordre; c'est dire que la solution du problème dans toute sa généralité est encore très-peu avancée.

Nous ne nous occuperons, dans cet Ouvrage, que du problème beaucoup plus simple qui se présente dans l'hypothèse de l'invariabilité des sections normales.

3. Cette hypothèse est la suivante. Lorsqu'une pièce prismatique n'est sollicitée par aucune force extérieure autre que la pesanteur et que cette dernière est elle-même détruite, ce qui peut se faire à l'aide de points d'appui suffisamment multipliés, les tranches de molécules comprises entre deux sections normales infiniment voisines occupent certaines positions d'équilibre sous l'action des seules forces intérieures. Si l'on trouble cet équilibre par l'application de forces extérieures, les tranches normales n'éprouvent aucune déformation, toutes leurs molécules conservent leurs distances respectives, mais les sections normales éprouvent des déplacements qui modifient leurs positions relatives.

Ces déplacements font naître entre les molécules de deux tranches contiguës des forces intérieures qui peuvent se définir de la manière suivante. Soit ω un élément plan infiniment petit pris dans une section normale quelconque. Supposons que les coordonnées de son centre soient rapportées à deux axes rectangulaires tracés dans le plan

1.

de la section; nous prendrons pour ces axes les deux axes principaux d'inertie de son aire. Soit ω' un élément plan, égal au précédent, pris dans la section normale infiniment voisine. Cette seconde section peut être considérée comme égale à la première, et nous supposerons que la position de ω' dans cette section est la même que celle de ω dans la première. Si par l'application de forces extérieures on déplace l'élément ω' par rapport à l'élément ω, supposé lié au système de trois axes coordonnés rectangulaires obtenu en joignant aux deux axes principaux d'inertie de la première section un axe normal au plan de cette section et par conséquent tangent à la fibre moyenne de la pièce, si l'on représente par u, u', u'' les composantes parallèles à ces trois axes coordonnés du déplacement du centre de ω' par rapport à ce système d'axes, on fait naître entre les deux éléments ω et ω' une action intérieure dont les composantes, parallèlement aux trois axes, sont proportionnelles aux rapports des déplacements u, u', u'' à la distance primitive ds des centres des deux éléments et dirigées en sens inverse de ces déplacements. Le déplacement u perpendiculaire à la section normale donne lieu à une composante dont on obtient la valeur en multipliant le rapport $\dfrac{u}{ds}$ par l'aire ω de l'élément plan et par un coefficient E que l'on nomme *coefficient d'élasticité longitudinale*. Les forces composantes développées par les deux autres déplacements u', u'' parallèles à la section normale s'obtiennent en multipliant les rapports $\dfrac{u'}{ds}$, $\dfrac{u''}{ds}$ par l'aire ω et par un coefficient G, appelé *coefficient d'élasticité transversale* ou *de torsion*.

Les hypothèses précédentes sur la constitution des pièces prismatiques et la nature des forces qui s'y développent intérieurement par l'application de forces extérieures réduiront, comme on le verra plus loin, la solution du problème de la résistance de ces pièces à de simples calculs de quadratures.

4. Le problème général de la résistance des solides matériels peut s'énoncer de la manière suivante :

Étant donné le premier état d'équilibre d'un corps qui n'est sollicité par aucune force extérieure, déterminer son nouvel état d'équilibre sous l'action de forces extérieures données.

Le premier état d'équilibre d'une pièce prismatique est entièrement déterminé quand on connaît sa définition géométrique, c'est-à-dire la forme de la génératrice et la loi de son mouvement le long de la directrice (n° 1). Dans ce premier état d'équilibre, les molécules conservent leurs positions relatives naturelles, en vertu des forces intérieures qui se détruisent. Aucune force ne tend à les écarter de leur position, et les trois composantes de l'action réciproque des éléments plans ω et ω' sont égales à zéro.

Dans le second état d'équilibre, les forces intérieures ne se font pas équilibre sur chaque molécule, comme dans le premier état, mais, au contraire, chacune d'elles est sollicitée par une force qui tend à la ramener à sa position naturelle et l'y ramènerait, en effet, si l'on supprimait les forces extérieures qui ont produit le second état d'équilibre, à la condition, toutefois, que la limite d'élasticité n'ait pas été dépassée. Pour que le nouvel état d'équilibre soit complètement déterminé, il faudra connaître les déplacements de chacun des points de la fibre moyenne, ainsi que les déplacements des sections normales, ce qui permettra d'obtenir la valeur des trois composantes de la force ou action réciproque développée entre les éléments plans ω et ω'.

5. Nous rapporterons la fibre moyenne directrice à trois axes coordonnés rectangulaires. Sa forme sera ainsi déterminée par deux équations entre les coordonnées x, y, z d'un de ses points. Nous rapporterons la section normale en un point déterminé de la directrice aux deux axes principaux d'inertie de cette section, et sa forme pourra être définie par une équation entre les deux coordonnées rectangulaires d'un point de son périmètre. Enfin l'orientation du plan de chaque section sera déterminée par la valeur de l'angle mentionné n° 1, qui sera donné en fonction de l'une des coordonnées de la fibre moyenne prise pour variable indépendante.

6. Les trois axes coordonnés peuvent présenter, quant à la position relative de leurs parties positives, deux dispositions différentes. Plaçons le plan xz sur un tableau, de manière que la partie positive de l'axe des x soit dirigée vers la droite et celle de l'axe des z vers le bas du tableau. Cela fait, la partie positive de l'axe des y pourra avoir deux positions différentes, l'une en avant, l'autre en arrière du plan xz. On peut choisir entre les deux dispositions qui en résultent et qui se déduiraient l'une de l'autre en changeant y en z et z en y. Nous choisirons toujours la disposition dans laquelle la partie positive de l'axe des y est en avant du plan xz.

7. Un couple étant représenté par son axe, la partie positive de cet axe peut être située, de même, d'un côté ou de l'autre de son plan. Nous choisirons toujours ce côté de telle sorte qu'un spectateur, placé vers l'extrémité de cette partie positive et regardant le couple, verrait la rota-

tion qu'il tend à produire s'effectuer dans le même sens que la rotation de l'équateur terrestre vu du pôle austral.

Nous appliquerons la même définition à la détermination du sens positif d'une vitesse angulaire de rotation autour d'un axe.

Dans la théorie de la rotation des corps, on exprime la valeur des projections sur les trois axes coordonnés du déplacement infiniment petit d'un point M du corps, produit par un mouvement de rotation infiniment petit autour d'un axe instantané passant par l'origine, en fonction des coordonnées x, y, z de ce point et des trois angles infiniment petits que l'on obtient en multipliant les trois composantes de la vitesse angulaire par la durée infiniment petite dt du mouvement.

Ces formules, qui ne sont rigoureusement exactes que pour un déplacement infiniment petit, seront d'une exactitude suffisante dans la pratique pour le cas d'un déplacement très-petit.

Soient δp, δq, δr les trois angles très-petits égaux aux produits des trois composantes de la vitesse angulaire de rotation, supposée uniforme, par le temps très-petit δt. Les trois projections du déplacement du point M pendant le temps δt seront données par les formules

$$(1)\quad \begin{cases} \delta x = y\,\delta r - z\,\delta q, \\ \delta y = z\,\delta p - x\,\delta r, \\ \delta z = x\,\delta q - y\,\delta p. \end{cases}$$

Ces premières formules nous donnent l'occasion de faire remarquer l'utilité d'avoir déterminé d'une manière précise, comme nous l'avons fait (n°ˢ 6 et 7), la position relative des parties positives des axes, ainsi que le sens positif d'une vitesse angulaire de rotation. Ce sont, en effet, les conventions admises dans ces numéros qui déterminent

le signe avec lequel les différents produits $y\,\delta r$, $z\,\delta q$, ...
doivent entrer dans les formules précédentes.

8. Soient (*fig.* 1)

AmB la fibre moyenne d'une pièce prismatique dans son
état d'équilibre naturel;

Ox, Oy, Oz les trois axes coordonnés rectangulaires;

T la section normale au point m dont les coordonnées
sont x, y, z;

my', mz' les deux axes principaux d'inertie de l'aire de
cette section;

mx' la tangente à la fibre moyenne au point m.

Cette tangente forme avec les deux axes précédents un
second système de trois axes coordonnés rectangulaires, et
il doit être bien entendu que la position relative des parties positives de ces axes est la même que dans le premier
système d'axes Ox, Oy, Oz. Lorsque la section T se meut
le long de la directrice AmB pour engendrer géométriquement la pièce prismatique, le trièdre $mx'y'z'$, supposé invariablement lié avec elle, accomplit un mouvement entièrement déterminé, puisque son sommet m décrit une
courbe connue AB et que la figure tourne en même temps
autour du point m, de manière à se trouver placée, pour
chaque position de ce point, dans une orientation déterminée.

9. Dans ce mouvement *cinethmique*, c'est-à-dire indépendant du temps, l'abscisse x du point mobile m peut être
considérée comme variant arbitrairement avec le temps.
Si l'on se donnait la forme de cette fonction arbitraire, on
pourrait en déduire y et z, en fonction de t également, à
l'aide des deux équations de la fibre moyenne directrice.
Les dérivées de x, y, z par rapport à t seraient les trois

composantes de la vitesse de translation du trièdre $mx'y'z'$, parallèlement aux axes coordonnés.

Soit T' la section normale au point m', infiniment voisin de m, ayant par conséquent pour abscisse $x + dx$. Pour passer de la position T à la position T', la section normale et le trièdre $mx'y'z'$, lié avec elle, accomplissent un mouvement qui peut se décomposer en une translation mm' et une rotation autour d'un axe passant par le point m ou le point m'.

10. Les deux positions qu'occupe le mobile au commencement et à la fin du mouvement de rotation permettent de déterminer la position de l'axe instantané ainsi que l'amplitude de la rotation angulaire dont il s'agit. Il suffira pour cela de considérer deux points du mobile situés sur une même surface sphérique décrite autour du centre de rotation m, de mener les arcs de grand cercle AB, A'B', qui les joignent, dans l'une et l'autre position, et de déterminer un point O sur la sphère, tel que le triangle OAB soit égal au triangle OA'B'; le diamètre passant par le point O sera la position de l'axe cherché, et l'angle AOA', égal à l'angle BOB', sera l'angle de rotation dont il s'agit. Soient α, β, γ les coefficients angulaires de l'axe de rotation ainsi déterminé, du l'angle de rotation. Cet angle du est le produit de la vitesse angulaire de rotation u' par le temps dt. Les trois composantes de cette vitesse angulaire, parallèles aux axes coordonnés, sont égales à $\alpha u'$, $\beta u'$, $\gamma u'$. Désignons par dp, dq, dr les produits de ces trois composantes par le temps dt, en sorte que l'on ait

$$dp = \alpha\,du, \quad dq = \beta\,du, \quad dr = \gamma\,du.$$

Les quantités α, β, γ sont des fonctions connues de la variable indépendante x; du est égal au produit d'une fonction connue de la même variable par sa différentielle dx; par conséquent, les quantités dp, dq, dr sont les différentielles de trois fonctions de x entièrement connues.

11. Soient $(\mathit{fig.}\ 1)$

ω un élément infiniment petit de l'aire de la section T;
M le centre de cet élément;
v, v' les coordonnées de ce point rapportées aux axes my', mz'.

Dans le mouvement de la section T, qui engendre géométriquement la pièce prismatique, l'élément ω engendre un prisme infiniment petit ayant pour axe la courbe décrite par le point M. L'ensemble des molécules de ce prisme peut être considéré comme constituant une fibre de la pièce. La partie comprise entre les deux sections normales infiniment voisines T et T' est un élément de cette fibre. Soit $A_1 B_1$ la fibre moyenne de la pièce prismatique dans son second état d'équilibre. Désignons par les mêmes lettres affectées de l'indice 1 les mêmes choses que dans le premier état d'équilibre. Les sections T et T' sont remplacées par les sections T_1, T'_1. Leurs centres m, m' deviennent m_1, m'_1. Les coordonnées de m_1 seront égales à celles du point m augmentées de petites quantités inconnues. Nous les désignerons par δx, δy, δz, en employant la caractéristique δ en usage dans le calcul des variations à cause de l'analogie existant entre les variations considérées dans cette dernière théorie et les déplacements trèspetits qui se produisent ici.

12. Transportons la pièce AB sur le solide $A_1 B_1$, de manière que la section T coïncide avec la section T_1. Le mouvement qu'il faudra imprimer pour cela au solide AB pourra se composer de deux autres : un mouvement de translation, dans lequel tous les points décriront des éléments rectilignes égaux et parallèles à mm_1, et un mouvement de rotation autour d'un axe passant par m_1. Les trois composantes de cette rotation parallèlement aux axes Ox, Oy, Oz, sont trois nouvelles quantités inconnues que nous désignerons par δp, δq, δr. La quantité δp représente une rotation autour de l'axe des x, δq et δr des rotations autour des axes Oy, Oz. Ainsi, tandis que les rotations dp, dq, dr (n° 10) sont infiniment petites et amènent T dans une position parallèle à T′, les rotations δp, δq, δr sont très-petites et amènent T dans une position parallèle à T_1.

Lorsque la section T coïncide avec T_1, la base inférieure ω de l'élément de fibre MM′ coïncide avec son égale ω_1 de la section T_1; mais il n'en est pas de même de la base supérieure ω', dont la position est généralement différente de l'élément ω'_1 de la section T'_1. Soit M_3 (*fig.* 2) la position qu'occupe alors le centre M′ de l'élément ω'; la droite $M'_1 M_3$ sera le déplacement relatif de ω et ω' dont les projections sur les axes coordonnés ont été désignés précédemment par u, u', u''.

13. Ces trois projections peuvent s'exprimer en fonction des projections δx, δy, δz de la translation mm_1, ainsi que des trois composantes du mouvement de rotation qui amène T dans une position parallèle à T_1, savoir δp, δq, δr, des deux coordonnées v et v' du point M, et de la variable indépendante x.

Soient a, b, c les coefficients angulaires de l'axe mx' par rapport aux axes Ox, Oy, Oz, a', b', c' ceux de my', et a'', b'', c'' ceux de mz' par rapport aux mêmes axes. Désignons par $\delta x'$, $\delta y'$, $\delta z'$ les projections du déplacement mm_1 sur les axes mx', my', mz'. Ces quantités sont liées aux projections ∂x, ∂y, ∂z par les formules suivantes :

$$(2) \quad \begin{cases} \partial x' = a\ \partial x + b\ \partial y + c\ \partial z, \\ \partial y' = a'\ \partial x + b'\ \partial y + c'\ \partial z, \\ \partial z' = a''\partial x + b''\partial y + c''\partial z. \end{cases}$$

14. Les projections du déplacement du point m', infiniment voisin du point m, sont égales à celles du point m augmentées de leurs différentielles par rapport à x, puisque ce sont les valeurs que prennent les fonctions $d'x$ représentées par $\partial x'$, $\partial y'$, $\partial z'$ lorsqu'on y remplace x par $x + dx$.

Les projections de $m'm'_1$ sur les axes mx', my', mz' sont donc égales à $\partial x' + d\partial x'$, $\partial y' + d\partial y'$, $\partial z' + d\partial z'$.

Dans le mouvement de translation mm_1 du solide AB, le point m' décrit un élément droit $m'm_2$ (*fig.* 2) égal et parallèle à mm_1. Les projections de ce déplacement sont donc égales à $\partial x'$, $\partial y'$, $\partial z'$ sur les axes mx', my', mz'.

Dans le mouvement de rotation qui amène T dans une position parallèle à T_1, et dont les composantes parallèlement aux axes Ox, Oy, Oz sont ∂p, ∂q, ∂r, le point m' éprouve un déplacement dont les projections sur les axes mx', my', mz' seront données par les formules (1) du n° 7 en y mettant pour x, y, z, ∂p, ∂q, ∂r les quantités qui conviennent au point m' et à la rotation du solide dans le second système d'axes coordonnés mx', my', mz'. Dans ce système, les composantes $\partial p'$, $\partial q'$, $\partial r'$ du mouvement de rotation sont liées aux quantités ∂p, ∂q, ∂r par des équations identiques aux formules (2)

$$(3) \quad \begin{cases} \partial p' = a\ \partial p + b\ \partial q + c\ \partial r, \\ \partial q' = a'\ \partial p + b'\ \partial q + c'\ \partial r, \\ \partial r' = a''\partial p + b''\partial q + c''\partial r. \end{cases}$$

Les coordonnées du point m' par rapport aux axes mx', my', mz', qui doivent être substituées à x, y, z dans les formules (1), sont $x = ds$, $y = 0$, $z = 0$. Les quantités δp, δq, δr doivent y être remplacées par $\delta p'$, $\delta q'$, $\delta r'$. Ainsi, les projections sur les axes mx', my', mz' du déplacement $m'm_0$ (*fig.* 2) du point m', dû au mouvement de rotation du solide AB, seront $(\delta x) = 0$, $(\delta y) = -ds\,\delta r$, $(\delta z) = ds\,\delta q$. Soit m_3 (*fig.* 2) la position du point m' lorsque, les deux mouvements étant accomplis, la section T coïncide avec la section T_1 ; le déplacement total $m'm_3$, résultant des deux déplacements $m'm_2$ et $m'm_0$, a pour projections sur les axes mx', my', mz' la somme des projections des déplacements composants, savoir :

$$(4) \qquad \begin{cases} \delta x', \\ \delta y' - ds\,\delta r', \\ \delta z' + ds\,\delta q'. \end{cases}$$

Soient T_3 la position actuelle de la section T', ayant son centre en m_3, et M_3 (*fig.* 2) la position du point M'. La distance $M_3 M'_1$ est le déplacement relatif des éléments ω et ω' ; et ses projections sur les axes mx', my', mz' sont les quantités u, u', u'' proportionnelles aux trois composantes parallèles à ces axes de l'action réciproque développée entre ces deux éléments. Pour déterminer la distance $M_3 M'_1$, nous chercherons la trajectoire décrite par le point M_3, lorsque la section T_3 accomplit le mouvement nécessaire pour venir s'appliquer sur la section T'_1. Ce mouvement peut, comme dans le cas précédent, se composer d'un mouvement de translation et d'un mouvement de rotation. Dans le premier mouvement, tous les points de la section T_3 décriront des chemins égaux et parallèles à l'élément rectiligne $m_3 m'_1$, dont les projections sont égales à celles du chemin $m'm'_1$ diminuées de celles de

$m'm_3$, car le chemin $m'm'_1$ est la résultante de $m'm_3$ et de $m_3m'_1$. Nous avons vu que les projections de $m'm'_1$ étaient égales à $\delta x' + d\delta x'$, $\delta y' + d\delta y'$, $\delta z' + d\delta z'$, et que celles de $m'm_3$ étaient égales aux expressions (4). Les projections de la translation $m_3m'_1$ sont donc égales à

$$(5) \qquad \left\{ \begin{array}{l} d\delta x', \\ d\delta y' + ds\,\delta r', \\ d\delta z' - ds\,\delta q'. \end{array} \right.$$

Ces quantités sont les projections du chemin M_3M_4 (*fig.* 2), que parcourt le point M_3 dans le mouvement de translation.

15. Dans le second mouvement de la section T_3, qui est une rotation autour du point m_3, le point M_3 éprouve un déplacement M_3M_0 (*fig.* 2), dont les projections sur les axes mx', my', mz', transportés parallèlement à eux-mêmes en m_3, s'obtiendront à l'aide des formules (1), en y remplaçant x, y, z par les coordonnées du point M_3, rapportées à ces derniers axes, et δp, δq, δr par les composantes, parallèlement aux mêmes axes, de la rotation que doit effectuer la section T_3 pour devenir parallèle à la section T'_1. Si la section T_3 était située dans un plan parallèle à celui de la section T, les coordonnées du point M_3 par rapport aux axes transportés en m_3 seraient $(x) = 0$, $(y) = v$, $(z) = v'$. Le plan de T_3 faisant un angle très-petit avec celui de T, les valeurs précédentes diffèrent des coordonnées exactes de M_3 de quantités très-petites, qui peuvent être négligées dans la pratique, et nous prendrons ces valeurs pour les véritables coordonnées de M_3.

Les composantes de la rotation que doit effectuer la section T_3 pour devenir parallèle à T'_1 sont égales à $d\delta p'$, $d\delta q'$, $d\delta r'$, parallèlement aux axes mx', my', mz'. En effet, la

rotation qu'il faut imprimer à T′ pour la rendre parallèle
à T₁, est égale à celle qu'il faut imprimer à T pour la rendre
parallèle à T₁, augmentée de sa différentielle par rapport
à x. Les composantes de la première sont égales de même
aux composantes de la seconde, augmentées de leurs différentielles par rapport à la même variable, car les composantes de la première rotation sont les valeurs que
prennent les trois fonctions de la variable x, $\partial p'$, $\partial q'$, $\partial r'$,
lorsqu'on y remplace x par $x + dx$. Ces composantes sont
donc $\partial p' + d\partial p'$, $\partial q' + d\partial q'$, $\partial r' + d\partial r'$, et, si l'on en
retranche les composantes $\partial p'$, $\partial q'$, $\partial r'$ de la rotation qui
rend T parallèle à T₁, on obtient celles de la rotation qui
rend T₃ parallèle à T′₁, car cette dernière rotation, composée avec celle qui rend T parallèle à T₁, a pour résultante celle qui rend T′ parallèle à T′₁.

Il faut donc remplacer, dans les formules (1), ∂p, ∂q, ∂r
par $d\partial p'$, $d\partial q'$, $d\partial r'$, et ces formules donnent pour les projections du déplacement $M_3 M_0$, dû au mouvement de ro-
tation qui rend T₃ parallèle à T′₁,

$$(6) \quad \begin{cases} (\partial x) = v\,d\partial r' - v'\,d\partial q', \\ (\partial y) = v'\,d\partial p', \\ (\partial z) = -v\,d\partial p'. \end{cases}$$

Ajoutant ces projections à celles de $M_3 M_1$ données par les
expressions (5), on obtient, pour les projections de $M_3 M'_1$,

$$(7) \quad \begin{cases} u = d\partial x' + v\,d\partial r' - v'\,d\partial q', \\ u' = d\partial y' + ds\,\partial r' + v'\,d\partial p', \\ u'' = d\partial z - ds\,\partial q' - v\,d\partial p'. \end{cases}$$

16. Si la température de la pièce prismatique dans le
second état d'équilibre n'était pas la même que dans le
premier état, le déplacement $M_3 M'_1$ serait la résultante des
deux déplacements dus à la dilatation et à l'effet des forces

extérieures. Dans ce cas, les projections du déplacement produit par les forces s'obtiendront en retranchant des valeurs précédentes de u, u', u'' les projections du déplacement dû à la dilatation. Soit τ le produit du coefficient de dilatation de la matière du corps solide par le nombre positif ou négatif représentant la variation de la température. Les projections de la distance $ds' = \text{MM}'$ des éléments ω et ω' étant représentées par dx', dy', dz', les projections du déplacement relatif de M' par rapport à M dû au changement de température seront $\tau\,dx'$, $\tau\,dy'$, $\tau\,dz'$; les projections du déplacement produit par les forces extérieures seront donc

$$(8) \qquad \begin{cases} u \;-\; \tau\,dx', \\ u' - \tau\,dy', \\ u'' - \tau\,dz'. \end{cases}$$

Pour déterminer les valeurs de dx', dy', dz', nous chercherons quel est le chemin parcouru par le point M lorsque la section T, dans le mouvement générateur de la pièce, se transporte en T'. Ce mouvement peut se décomposer en une translation égale et parallèle à $mm' = ds$, et en une rotation autour du point m dont les composantes sont dp', dq', dr'. Les coordonnées du point M, qui doivent être introduites dans les formules (1), sont $(x) = 0$, $(y) = v$, $(z) = v'$. Les projections du déplacement de M dû au mouvement de rotation seront donc

$$(9) \qquad \begin{cases} (\partial x) = v\,dr' - v'\,dq', \\ (\partial y) = v'\,dp', \\ (\partial z) = -\,v\,dp'. \end{cases}$$

Les projections du déplacement dû au mouvement de translation, qui est égal à ds' et parallèle à l'axe mx', sont $(x) = ds'$, $(y) = 0$, $(z) = 0$.

La distance MM$'$ résultant des deux déplacements précédents aura donc pour projections la somme des projections de ces déplacements, savoir

$$(10) \quad \begin{cases} dx' = ds + v\,dr' - v'\,dq', \\ dy' = v'\,dp', \\ dz' = -v\,dp'. \end{cases}$$

Soient ρ le rayon de courbure de la fibre moyenne au point m, et $d\alpha$ l'angle de contingence de la courbe au même point, égal à $\dfrac{ds}{\rho}$. Soient m (*fig.* 3) le centre de gravité de la section T, et m' le centre de la section infiniment voisine T$'$. Soit mn la tangente à la courbe au point m. Prenons $mn = mm'$ et supposons cet élément mn de la tangente invariablement lié avec la section T. Imprimons à cette dernière la rotation autour du point m nécessaire pour qu'elle devienne parallèle à T$'$, et cherchons quel sera le déplacement du point n dans ce mouvement. Les composantes de la rotation qui rend T parallèle à T$'$ sont dp', dq', dr', et les projections du déplacement du point n sur les axes mx', my', mz' seront

$$(11) \quad \begin{cases} (\delta x) = 0, \\ (\delta y) = -ds\,dr', \\ (\delta z) = ds\,dq'. \end{cases}$$

Soit n' la nouvelle position du point n (*fig.* 3). La ligne mn' est devenue perpendiculaire à la section T$'$; donc l'angle nmn' est égal à celui des deux tangentes en m et m' ou à l'angle de contingence $d\alpha$. On a donc

$$d\alpha = \frac{nn'}{ds}.$$

Mais, d'après les valeurs précédentes des projections de nn', on a

$$nn' = ds \sqrt{dr'^2 + dq'^2},$$

d'où

$$dx = \sqrt{dr'^2 + dq'^2} \quad \text{et} \quad ds = \rho \sqrt{dr'^2 + dq'^2}.$$

Si l'on porte cette valeur dans la première équation (10), et si l'on remarque que, par suite de la petitesse des dimensions transversales et de la faiblesse .de la courbure de la pièce, v et v' sont des quantités très-petites par rapport à ρ, on verra que les projections dx', dy', dz' de la distance MM' des centres des éléments plans ω et ω' peuvent être considérées, sans grande erreur, comme égales à celle de l'élément $mm' = ds$ de l'arc de la fibre moyenne, et l'on aura ainsi $dx' = ds$, $dy' = 0$, $dz' = 0$.

Les projections du déplacement produit par les forces extérieures seront donc, en remplaçant dx', dy', dz' dans les expressions (8),

$$(12) \qquad \begin{cases} u - \tau ds, \\ u', \\ u'', \end{cases}$$

les quantités u, u', u'' étant données par les équations (7).

Si l'on multiplie la première des quantités (12) par $\dfrac{E\omega}{ds'}$ et les deux autres par $\dfrac{G\omega}{ds'}$, les produits seront, d'après l'hypothèse du n° 3, égaux aux composantes parallèles aux axes mx', my', mz' de la force qui est appliquée au centre de l'élément ω, c'est-à-dire au point M. Le centre M' de l'élément ω', en vertu de la réciprocité de l'action développée entre les deux éléments ω et ω', sera sollicité par une force égale et contraire.

Indépendance des effets des forces extérieures.

17. Supposons que, la pièce n'étant soumise à l'action d'aucune force extérieure, on lui applique un premier système de ces forces. Soient u_1, u'_1, u''_1 les projections du déplacement relatif du centre de ω' produit par ce système. Supprimons ce premier système. La limite d'élasticité n'ayant pas été dépassée, les molécules reviendront à leur position primitive. Appliquons à la pièce un second système de forces extérieures, et soient u_2, u'_2, u''_2 les projections du déplacement correspondant du centre de ω'. Si l'on applique simultanément à la pièce les deux systèmes de forces précédents, les projections du déplacement relatif du point M', centre de ω', seront égales à la somme des projections des déplacements produits séparément par chaque système; autrement dit, le déplacement produit par la résultante de plusieurs forces est la résultante des déplacements produits par chacune de ces forces séparément. Ainsi, dans l'exemple qui précède, le déplacement résultant a pour projections sur les axes $u_1 + u_2$, $u'_1 + u'_2$, $u''_1 + u''_2$.

Ce principe, qui complète l'hypothèse du n° 3, suppose comme elle que les déplacements sont toujours très-petits. On peut le démontrer en remarquant que la force développée entre ω et ω' par un déplacement ayant pour projections $u_1 + u_2$, $u'_1 + u'_2$, $u''_1 + u''_2$ est la résultante des deux forces que font naître séparément le déplacement ayant pour projections u_1, u'_1, u''_1 et le déplacement dont les projections sont égales à u_2, u'_2, u''_2, puisqu'il suffit de multiplier les projections sur un même axe par une même quantité pour obtenir les forces composantes parallèles à cet axe.

2.

18. Nous avons admis (n° 16) que le déplacement dû à un changement de température et à un système de forces était la résultante des déplacements qui seraient produits séparément par chacune de ces causes. Ce principe est un cas particulier du principe d'indépendance des effets de plusieurs forces que nous venons de démontrer.

Une variation de température correspond à une addition ou soustraction de chaleur qui est entièrement comparable à l'application d'un système de forces.

19. Il résulte du principe précédent que pour déterminer l'effet produit par un système de forces, quelque complexe qu'il soit, il suffit d'ajouter les effets que produit séparément chacune de ces forces.

Réduction de toutes les forces élémentaires à une force et à un couple.

20. Chacun des éléments de la section T analogues à ω est sollicité par une force appliquée à son centre dont les composantes sont égales à $\dfrac{E\omega}{ds'}(u - \tau\,ds)$, $\dfrac{G\omega}{ds'}u'$, $\dfrac{G\omega}{ds'}u''$.

Désignons par R, R′, R″ les rapports de ces forces à l'aire ω. Ces rapports seront, le premier la pression ou traction normale, les deux autres les tensions parallèles ou efforts tranchants par unité de surface de la section normale T. La distance ds' diffère très-peu de ds (n° 16); on aura donc

$$\begin{cases} R = E\,\dfrac{u - \tau\,ds}{ds}, \\[2mm] R' = G\,\dfrac{u'}{ds}, \\[2mm] R'' = G\,\dfrac{u''}{ds}. \end{cases}$$

(3)

La force élémentaire appliquée au centre de l'élément ω a ainsi pour composantes parallèles aux axes mx', my', mz' les quantités $R\omega$, $R'\omega$, $R''\omega$, que nous désignerons par X', Y', Z'. Les coordonnées du point d'application M de cette force sont d'ailleurs $x' = 0$, $y' = v$, $z' = v'$. Appliquons à l'ensemble des forces élémentaires analogues à la précédente les règles de la Statique qui s'appliquent à la composition des forces dirigées d'une manière quelconque dans l'espace, et nous composerons toutes ces forces en une résultante passant par le point m, origine des coordonnées, et en un couple unique. Les trois composantes parallèles aux axes mx', my', mz' de cette résultante seront données par les équations

$$(14) \qquad \begin{cases} X = \Sigma X', \\ Y = \Sigma Y', \\ Z = \Sigma Z'. \end{cases}$$

Les trois couples composants du couple résultant unique auront pour moments

$$(15) \qquad \begin{cases} L = \Sigma(Y'z' - Z'y'), \\ M = \Sigma(Z'x' - X'z'), \\ N = \Sigma(X'y' - Y'x'). \end{cases}$$

La lettre Σ indique des intégrales doubles qui s'étendent à tous les points de la section T et qui sont de la forme

$$\iint F(v, v')\, dv\, dv'.$$

Les fonctions F sont d'ailleurs entières et du premier degré par rapport à v et v' dans les formules (14) et du second degré dans les formules (15). En effet, si l'on remplace u, u', u'' par leurs valeurs (7) dans les équations (13), on a, en multipliant par $\omega = dv\,dv'$,

$$X' = \left[\frac{E\,(d\,\delta x' - \tau\,ds)}{ds} + \frac{E\,d\,\delta r'}{ds}\,v - \frac{E\,d\,\delta q'}{ds}\,v' \right] dv\,dv',$$

$$Y' = \left[\frac{G\,(d\,\delta y' + \delta r'\,ds)}{ds} + \frac{G\,d\,\delta p'}{ds}\,v' \right] dv\,dv',$$

$$Z' = \left[\frac{G\,(d\,\delta z' - \delta q'\,ds)}{ds} - \frac{G\,d\,\delta p'}{ds}\,v \right] dv\,dv',$$

que nous écrirons, pour abréger,

$$(16)\qquad \begin{cases} X' = (\alpha + lv - ev')\,dv\,dv', \\ Y' = (\alpha' + e'v')\,dv\,dv, \\ Z' = (\alpha'' - e'v)\,dv\,dv'. \end{cases}$$

Si l'on remplace dans les équations (15) x', y', z' par leurs valeurs $x' = 0$, $y' = v$, $z' = v'$, après y avoir mis les valeurs précédentes de X', Y', Z', on obtient

$$(17)\qquad \begin{cases} L = \iint \left[(\alpha'v' - \alpha''v + e'(v^2 + v'^2) \right] dv\,dv', \\ M = \iint (- \alpha v' - lvv' + ev'^2)\,dv\,dv', \\ N = \iint (\alpha v + lv^2 - evv')\,dv\,dv'. \end{cases}$$

Si l'on remarque que le point m est le centre de gravité de la section T, et que l'on a, par suite, $\iint v\,dv\,dv' = 0$, $\iint v'\,dv\,dv' = 0$, les intégrales doubles des équations (16) se réduiront à

$$(18)\qquad \begin{cases} X = \alpha\Omega, \\ Y = \alpha'\Omega, \\ Z = \alpha''\Omega, \end{cases}$$

en désignant par Ω l'aire $\iint dv\,dv'$ de la section T.

Les axes my', mz' étant les directions des axes principaux d'inertie de la section T, on a $\iint vv'\,dv\,dv' = 0$, et, si l'on représente par $I = \iint (v^2 + v'^2)\,dv\,dv'$ le moment d'inertie polaire de la section, c'est-à-dire son moment d'inertie par rapport à l'axe mx' mené par son centre de gravité perpendiculairement à son plan, par $\mathrm{I}' = \int\!\int v'^2\, dv\, dv'$ et $\mathrm{I}'' = \int\!\int v^2\, dv\, dv'$ les moments d'inertie de la même surface par rapport aux deux autres axes my', mz', les équations (17) se réduiront à

$$(19) \qquad \mathrm{L} = e'\mathrm{I}, \quad \mathrm{M} = e\mathrm{I}', \quad \mathrm{N} = l\mathrm{I}''.$$

Ces trois équations et les équations (18) deviennent, en remplaçant α, α', α'', l, e et e' par les quantités que ces lettres représentent dans les équations (16),

$$(20) \quad \left\{ \begin{aligned} \mathrm{X} &= \mathrm{E}\Omega\left(\frac{d\,\delta x'}{ds} - \tau\right), \\[2mm] \mathrm{Y} &= \mathrm{G}\Omega\left(\frac{d\,\delta y'}{ds} + \delta r'\right), \\[2mm] \mathrm{Z} &= \mathrm{G}\Omega\left(\frac{d\,\delta z'}{ds} - \delta q'\right), \end{aligned} \right.$$

$$(21) \quad \left\{ \begin{aligned} \mathrm{L} &= \mathrm{GI}\,\frac{d\,\delta p'}{ds}, \\[2mm] \mathrm{M} &= \mathrm{EI}'\,\frac{d\,\delta q'}{ds}, \\[2mm] \mathrm{N} &= \mathrm{EI}''\,\frac{d\,\delta r'}{ds}. \end{aligned} \right.$$

Toutes les forces qui sollicitent la section T se trouvent ainsi ramenées à une résultante et à un couple uniques.

21. Composons de même en une seule force passant par le point m et en un seul couple le système des forces extérieures appliquées à la pièce entre la section T et l'extrémité B (*fig.* 1); appelons cette force P et ce couple H. La partie de la pièce mB est en équilibre sous l'action : 1° des forces moléculaires intérieures; 2° d'une force et

d'un couple appliqués à la section T′, égaux et contraires à la force (X, Y, Z) et au couple (L, M, N) appliqués à la section T; 3° de la force P et du couple H. Les forces moléculaires intérieures se détruisent comme étant égales deux à deux et de signes contraires; donc les deux forces et les deux couples dont nous venons de parler doivent se faire équilibre, donc la force P est égale à la force (X, Y, Z) et le couple H au couple (L, M, N). Ainsi les équations (19) et (20), dans lesquelles X, Y, Z, L, M, N seront remplacés par leurs valeurs en fonction des données relatives aux forces extérieures, représenteront les six équations de l'équilibre des pièces prismatiques.

Si l'on différentie les équations (2) et (3) (n^{os} **13** et **14**), et qu'on les divise par ds, en combinant les trois dernières avec (21), on obtiendra les différentielles des trois inconnues δp, δq, δr sous la forme

$$(22) \qquad \begin{cases} d\,\delta p = f(x)\,dx, \\ d\,\delta q = f_1(x)\,dx, \\ d\,\delta r = f_2(x)\,dx. \end{cases}$$

On obtiendra donc ces trois inconnues par des quadratures. On remplacera dans les équations (20) $\delta q'$, $\delta r'$ par leurs valeurs en δp, δq, δr, tirées de (3), puis ces dernières par leurs valeurs données par les intégrales de (22), et l'on pourra tirer des équations (20), combinées avec les différentielles de (2), les valeurs des différentielles des trois inconnues δx, δy, δz, savoir

$$d\,\delta x = F(x)\,dx, \quad d\,\delta y = F_1(x)\,dx, \quad d\,\delta z = F_2(x)\,dx,$$

ce qui fera connaître ces inconnues au moyen de trois nouvelles quadratures.

Si l'on divise les deux membres des équations (16) par

$dv\,dv'$, les premiers membres seront égaux à R, R', R'', et l'on aura

$$R = \alpha + lv - ev',$$
$$R' = \alpha' + e'v',$$
$$R'' = \alpha'' - e'v.$$

Mais on tire des équations (18) et (19)

$$\alpha = \frac{X}{\Omega}, \quad \alpha' = \frac{Y}{\Omega}, \quad \alpha'' = \frac{Z}{\Omega}, \quad l = \frac{N}{I''}, \quad e = \frac{M}{I'}, \quad e' = \frac{L}{I};$$

on aura donc

$$(23) \qquad \left\{ \begin{aligned} R &= \frac{X}{\Omega} + \frac{Nv}{I''} - \frac{Mv'}{I'}, \\[1ex] R' &= \frac{Y}{\Omega} + \frac{Lv'}{I}, \\[1ex] R'' &= \frac{Z}{\Omega} - \frac{Lv}{I}. \end{aligned} \right.$$

Lorsque les forces extérieures sont toutes connues, les quantités X, Y, Z, L, M, N sont aussi connues, et les seconds membres des équations précédentes, ne contenant que des quantités données R, R', R'', sont entièrement déterminées, sans qu'il soit nécessaire de recourir aux équations (20) et (21). Mais, quand la pièce s'appuie par les sections extrêmes sur des plans inébranlables, elle en éprouve des réactions inconnues.

Dans ce cas, il faut recourir aux équations (20) et (21) pour déterminer les forces inconnues. Les forces extérieures seront alors toutes connues, et les équations (23) donneront les valeurs de R, R', R'', ce qui est le but final du problème de la résistance des matériaux. Ces quantités devront toujours être inférieures aux valeurs qui correspondent à la limite d'élasticité.

ARTICLE II.

CAS OU LES FORCES EXTÉRIEURES SONT SITUÉES DANS UN PLAN
QUI CONTIENT LA FIBRE MOYENNE ET PARTAGE LES SECTIONS
NORMALES EN DEUX PARTIES SYMÉTRIQUES.

§ I. — Formules simplifiées déduites des précédentes.

22. Prenons ce plan pour celui des xz. La composante Y
de la résultante des forces extérieures sera nulle, car toutes
les forces sont situées dans un plan normal à l'axe Oy. Le
couple résultant de la composition de ces forces étant situé
dans ce même plan, l'axe de ce couple est dirigé suivant
l'axe des y, et les deux autres sont nuls. On a donc $L = o$,
$N = o$. La droite d'intersection du plan xz et de la section
T, divisant celle-ci en deux parties symétriques, est un des
axes principaux d'inertie de cette section normale. Donc
les deux axes mx', mz' sont situés dans le plan des xz, et
l'axe my' est parallèle à Oy.

La première et la troisième des équations (21) se ré-
duisent à $d\,\delta p' = o$ et $d\,\delta r' = o$. Les composantes de la rotation de T parallèlement aux axes mx', mz' étant nulles, on
en conclut que l'axe de cette rotation est dirigé suivant my',
parallèle à Oy. Ainsi le déplacement de la section T par rapport à la section infiniment voisine est composé d'une rotation autour d'un axe parallèle à Oy, plus un mouvement
de translation. Ce dernier est parallèle au plan xz. En
effet, Y' étant nul, la seconde des équations (20) donne

$$\frac{d\,\delta v'}{ds} + \delta r' = o.$$

Pour déterminer la valeur de $\delta r'$, introduisons dans les
formules (3) les valeurs des coefficients angulaires qui

résultent de la situation actuelle des axes mx', my', mz'.
Ces valeurs sont

$$b = 0, \quad a' = 0, \quad b' = 1, \quad c' = 0, \quad b'' = 0,$$

et les équations (3) deviennent

$$(24) \quad \begin{cases} \delta p' = a\,\delta p + c\,\delta r, \\ \delta q' = \delta q, \\ \delta r' = a''\delta p + c''\delta r, \end{cases}$$

ou, en différentiant,

$$(25) \quad \begin{cases} d\delta p' = a\,d\delta p + c\,d\delta r, \\ d\delta q' = d\delta q, \\ d\delta r' = a''d\delta p + c''d\delta r. \end{cases}$$

Les premiers membres de la première et de la troisième étant égaux à zéro, on en conclut $d\delta p = 0$, $d\delta r = 0$. Ainsi δp et δr sont des quantités constantes, et, comme nous admettons que la section normale au point A, origine de la pièce, ne peut tourner qu'autour d'un axe parallèle à $O\gamma$, ces constantes sont nulles, et l'on a $\delta p = 0$, $\delta r = 0$.

La première et la troisième des équations (24) donnent alors $\delta p' = 0$, $\delta r' = 0$. Par suite de cette valeur de $\delta r'$, celle de $d\delta y'$ est égale à zéro. Mais, si l'on introduit dans les formules (2) les valeurs des coefficients angulaires, $b = 0$, $a' = 0$, ..., ces formules deviennent

$$(26) \quad \begin{cases} \delta x' = a\,\delta x + c\,\delta z, \\ \delta y' = \delta y, \\ \delta z' = a''\delta x + c''\delta z, \end{cases}$$

et, en différentiant,

$$(27) \quad \begin{cases} d\delta x' = a\,d\delta x + c\,d\delta z, \\ d\delta y' = d\delta y, \\ d\delta z' = a''d\delta x + c''d\delta z. \end{cases}$$

La seconde des équations précédentes, qui se réduit à $d\,\partial y = 0$, montre que ∂y est une constante, et, si l'on suppose que le point A ne puisse se déplacer que dans le plan xz, cette constante sera nulle, et l'on aura $\partial y = 0$.

Ainsi, des six inconnues ∂x, ∂y, ∂z, ∂p, ∂q, ∂r, trois sont constamment nulles, savoir ∂y, ∂p et ∂r. Les trois autres seront données par la première et la troisième des équations (20) et la seconde des équations (21), combinées avec la première et la troisième des équations (27) et la seconde des équations (25). Les coefficients angulaires a, c, a'', c'' peuvent s'exprimer en fonction de l'inclinaison de la tangente mx' sur les axes Ox, Oz. En effet, a est le cosinus de l'angle de mx' avec Ox, ou $\dfrac{dx}{ds}$; c est le cosinus de l'angle de mx' avec Oz, ou $\dfrac{dz}{ds}$; a'' est le cosinus de l'angle que fait la normale mz' avec l'axe des x, c'est-à-dire le sinus de (mx', Ox), pris négativement : c'est $-\dfrac{dz}{ds}$; enfin, c'', cosinus de l'angle de mz' avec Oz, est égal à $\dfrac{dx}{ds}$. Remplaçant les quatre coefficients par leurs valeurs, on obtient, pour les deux inconnues $d\,\partial x'$, $d\,\partial z'$,

$$d\,\partial x' = \frac{dx}{ds}\,d\,\partial x + \frac{dz}{ds}\,d\,\partial z,$$

$$d\,\partial z' = -\frac{dz}{ds}\,d\,\partial x + \frac{dx}{ds}\,d\,\partial z,$$

qui, résolues par rapport à $d\,\partial x$ et $d\,\partial z$, donnent

$$(28)\quad
\begin{cases}
d\,\partial x = \dfrac{dx}{ds}\,d\,\partial x' - \dfrac{dz}{ds}\,d\,\partial z', \\[2mm]
d\,\partial z = \dfrac{dx}{ds}\,d\,\partial z' + \dfrac{dz}{ds}\,d\,\partial x'.
\end{cases}$$

La première et la troisième des équations (20) donnent $d\,\delta x'$ et $d\,\delta z'$, savoir

$$(29)\qquad\left\{\begin{aligned}\frac{d\,\delta x'}{ds}-\tau&=\frac{X}{E\,\Omega},\\[2mm]\frac{d\,\delta z'}{ds}-\delta q&=\frac{Z}{G\,\Omega};\end{aligned}\right.$$

la quantité δq est mise à la place de $\delta q'$, à cause de la seconde des équations (24). La seconde des équations (21). en remplaçant $d\,\delta q'$ par $d\,\delta q$ et supprimant l'accent de l', puisqu'il n'y a qu'un seul moment d'inertie à considérer dans la question actuelle, donne

$$(30)\qquad\frac{d\,\delta q}{ds}=\frac{M}{EI}.$$

Les valeurs de R, R', R'' données par les équations (23) deviennent, en y faisant $Y=o$, $L=o$, $N=o$,

$$(31)\qquad\left\{\begin{aligned}R&=\frac{X}{\Omega}-\frac{Mv}{I},\\[2mm]R'&=o,\\[2mm]R''&=\frac{Z}{\Omega}.\end{aligned}\right.$$

§ II. — Démonstration directe des équations (29), (30) et (31), correspondant au cas où la fibre moyenne est située dans un plan partageant les sections normales en deux parties symétriques et contenant les forces extérieures.

23. Soient AmB (*fig.* 4) la fibre moyenne, Ox, Oz deux axes coordonnés rectangulaires situés dans son plan ; soient CD, C'D' les traces des plans de deux sections normales infiniment voisines, T, T' ; m et m' les centres de gravité de ces sections, situés sur la fibre moyenne AB. Partageons ces sections en trapèzes par des perpendiculaires infiniment rapprochées, menées sur les droites CD, C′D′.

Soient M le centre de gravité de l'un de ces trapèzes dans la section T, v la distance de ce point au centre m de la section, et λ la demi-somme des bases du trapèze. L'aire ω de ce trapèze sera $\omega = \lambda\,dv$, en négligeant un infiniment petit du second ordre.

Désignons par les mêmes lettres affectées de l'indice 1, pour le second état d'équilibre, les mêmes choses que dans le premier état d'équilibre représenté (*fig.* 4). Cherchons les projections u et u' sur les axes mx', mz' du déplacement qu'éprouve le point M′ par rapport à ces axes, supposés liés invariablement à la section T, sous l'action des forces extérieures. Tout étant symétrique par rapport au plan xz, le déplacement d'une section quelconque peut se décomposer en une translation parallèle à ce plan et en une rotation autour d'un axe perpendiculaire au même plan.

Transportons le solide AB sur le solide A_1B_1, de manière à faire coïncider la section T avec la section T_1. D'après ce que nous venons de dire, on obtiendra ce résultat en imprimant au solide AB un mouvement composé d'une translation égale et parallèle à mm_1 (*fig.* 5), et d'une rotation autour d'un axe mené par le point m, perpendiculairement au plan xz. Soit ∂q l'angle très-petit qui mesure cette rotation ; soit α l'angle que fait la tangente mx' à la courbe mB avec l'axe Ox. Les projections de la translation mm_1 sur les axes mx', mz' étant désignées par $\partial x'$, $\partial z'$, on aura

$$(1)\qquad\begin{cases} \partial x' = \partial x \cos\alpha + \partial z \sin\alpha, \\ \partial z' = -\partial x \sin\alpha + \partial z \cos\alpha, \end{cases}$$

les projections du même déplacement mm_1 sur les axes Ox, Oz étant représentées par ∂x, ∂z. Les projections de $m'm'_1$, du déplacement du centre de la section T', infiniment voisine de la section T, sur les axes mx', mz' sont égales à $\delta x' + d\,\delta x'$, $\delta z' + d\,\delta z'$, car ce sont les valeurs que prennent les fonctions $\delta x'$, $\delta z'$, lorsqu'on y remplace x par $x + dx$. Soit m_3 ($fig.$ 5) la position que vient occuper le point m' lorsque la section T du solide AB coïncide avec la section T_1 du solide $A_1 B_1$. Les projections du chemin $m'm_3$ sur les axes mx', mz' seront égales à la somme des projections des deux chemins parcourus par le point m' dans les mouvements de translation et de rotation dont nous venons de parler. Le premier de ces deux chemins est $m'm_2$, égal et parallèle à mm_1, et ses projections sur les axes mx', mz' sont égales à $\delta x'$, $\delta z'$. Dans le mouvement de rotation, la droite mm' décrit un angle δq, égal à l'angle des plans des deux sections T et T_1, et l'arc $m'm_0$ décrit par le point m' dans ce mouvement est égal à $\delta q\,ds$, ds désignant la longueur mm' de l'élément infiniment petit de l'arc de la courbe AmB. Ce chemin, étant perpendiculaire à mx', se projette en vraie grandeur sur l'axe mz', tandis que sa projection sur mx' est égale à zéro. Les projections de $m'm_3$ seront donc égales à $\delta x'$ et $\delta z' + \delta q\,ds$.

Nous venons de voir que la distance des points m' et m'_1 ($fig.$ 5) avait pour projections $\delta x' + d\,\delta x'$, $\delta z' + d\,\delta z'$ Or cette distance est la résultante du côté $m'm_3$ et du côté $m_3 m'_1$; on aura donc les projections de ce dernier en retranchant de celles de $m'm'_1$ celles de $m'm_3$, et il restera ainsi, pour ces projections,

$$(2) \qquad \left\{ \begin{array}{l} d\,\delta x', \\ d\,\delta z' - ds\,\delta q. \end{array} \right.$$

Soit M_3 ($fig.$ 5) la position du point M' lorsque T coïncide avec T_1. Le point M coïncide alors avec M_1, et la distance $M_3 M'_1$ est le déplacement relatif cherché dont les projections ont été désignées par u et u'. Pour avoir cette distance, nous chercherons le chemin parcouru par le point M_3 lorsque la section T_3 qui le contient, et dont le centre est en m_3, vient coïncider avec T'_1.

Le mouvement de la section T_3 qui l'amènera en T'_1 peut se composer d'une translation $M_3 M_4$ (*fig.* 5), égale et parallèle à $m_3 m'_1$, et d'une rotation autour d'un axe mené par le point m_3, perpendiculairement au plan xz. L'angle de cette rotation doit être égal à $d\,\delta q$, car l'angle des plans T' et T'_1 est égal à $\delta q + d\,\delta q$, et, en amenant T sur T_1, on a fait tourner le plan T' d'un angle égal à δq et on l'a amené dans le plan T_3. Donc ce dernier ne fait plus qu'un angle $d\,\delta q$ avec T'_1. Dans ce mouvement de rotation, la droite $m_3 M_3$, dont la longueur est égale à v, décrit un angle égal à $d\,\delta q$, et le point M_3 un arc $M_3 M_0$ égal à $vd\,\delta q$. Les projections de ce déplacement sur les axes mx', mz' de la *fig.* 4 diffèrent de quantités très-petites des projections du même déplacement sur deux axes rectangulaires, dont l'un, situé suivant $m_3 M_3$, serait pris pour axe des z', et l'autre, perpendiculaire au précédent, serait pris pour axe des x'. N'oublions pas que les parties positives des nouveaux axes doivent toujours conserver la même position relative. Nous prendrons, sans erreur sensible pour la pratique, les secondes projections pour les premières, et nous obtiendrons ainsi une valeur égale à $-vd\,\delta q$ sur l'axe des x' et à zéro sur l'axe des z'. Ajoutant ces valeurs aux projections (2) du déplacement $M_3 M_4$ dû au mouvement de translation, on obtient, pour les projections u, u' du déplacement résultant $M_3 M'_1$ (*fig.* 5),

$$(3) \qquad \begin{cases} u = d\,\delta x' - vd\,\delta q, \\ u' = d\,\delta z' - ds\,\delta q. \end{cases}$$

Si la température n'était pas la même dans le second état

d'équilibre que dans le premier, le déplacement $M_3 M'_1$ serait la résultante des deux déplacements dus à la température et à l'effet des forces extérieures; les projections du déplacement dû à l'effet des forces seraient donc égales aux projections du déplacement $M_3 M'_1$, diminuées de celles du déplacement dû à la température.

Or, la distance MM' diffère peu de ds; la variation de cette distance, dû à un changement de température, peut donc être prise égale à $\tau\, ds$, τ étant le produit du coefficient de dilatation par le nombre de degrés dont la température a varié. La direction de la droite MM' étant parallèle à l'axe mx', les projections du déplacement $\tau\, ds$ seront égales, la première à $\tau\, ds$ sur l'axe mx' et la seconde à zéro, sur l'axe des z'. Les projections du déplacement dû à l'effet des forces extérieures seront donc

$$(4) \qquad\qquad \begin{cases} u - \tau\, ds, \\ u', \end{cases}$$

les quantités u et u' étant données par les équations (3).

Réduction de toutes les forces intérieures à une force et à un couple.

24. Le trapèze ω est sollicité par une force appliquée à son centre M, dont les composantes parallèles aux axes mx', mz' sont $E\omega \left(\dfrac{u}{ds'} - \tau\, \dfrac{ds}{ds'} \right)$, $G\omega\, \dfrac{u'}{ds'}$.

Désignons par R, R' les rapports de ces forces à l'aire ω du trapèze, base du prisme infiniment mince, ayant pour base supérieure le trapèze ω' de la section infiniment voisine. Le premier rapport R sera la pression ou traction normale, le second l'effort tranchant par unité de surface de la section normale T. On aura, pour ces deux quantités, en remplaçant ds' par ds,

$$(5) \quad \left\{ \begin{array}{l} R = E\left(\dfrac{u}{ds} - \tau\right), \\[2ex] R' = G\,\dfrac{u'}{ds}. \end{array} \right.$$

La force qui sollicite le point M a donc pour composantes parallèles aux axes mx', mz' les produits $R\omega$, $R'\omega$, que nous désignerons par X' et Z'. Les coordonnées de son point d'application M sont $x' = o$, $z' = v$. Appliquons à toutes les forces analogues appliquées aux éléments de la section T les règles de la composition des forces situées dans un même plan et rapportées à deux axes rectangulaires mx', mz', et nous les composerons en une résultante unique passant par le point m et en un couple situé dans le plan. Les deux composantes de la résultante unique seront données par les deux équations

$$(6) \qquad X = \Sigma X', \quad Z = \Sigma Z'.$$

Le moment du couple sera

$$(7) \qquad M = \Sigma\left(Z'.x' - X'z'\right).$$

La lettre Σ indique une intégrale qui s'étend du point C jusqu'au point D ($fig.$ 4), et qui est de la forme $\int F(v)\,dv$.

Remplaçons u et u' par leurs valeurs (3) dans les équations (5), après avoir multiplié ces dernières par $\omega = \lambda\,dv$; nous aurons, pour les composantes X', Z' de la force appliquée au point M,

$$(8) \quad \left\{ \begin{array}{l} X' = E\left(\dfrac{d\,\partial x' - v\,d\,\partial q}{ds} - \tau\right)\lambda\,dv, \\[2ex] Z' = G\,\dfrac{d\,\partial z' - ds\,\partial q}{ds}\,\lambda\,dv, \end{array} \right.$$

que nous écrirons, pour abréger les écritures,

$$(9) \qquad \begin{cases} X' = (\alpha - lv)\lambda \, dv, \\ Z' = \alpha'\lambda \, dv. \end{cases}$$

Les valeurs de x' et z' qui entrent dans l'équation (7) sont $x' = 0$, $z' = v$; on aura donc

$$(10) \qquad M = \int (lv^2 - \alpha v)\lambda \, dv.$$

· Le point m, origine des coordonnées, étant le centre de gravité de la section T, on a $\int v\lambda \, dv = 0$, et, si l'on désigne par I le moment d'inertie, $\int v^2\lambda \, dv$ de cette section par rapport à une droite menée par le point m, perpendiculairement au plan xz, et par Ω l'aire $\int \lambda \, dv$, on obtiendra, pour les composantes X, Z de la résultante unique et pour le moment M,

$$(11) \qquad \begin{cases} X = \alpha\Omega, \\ Z = \alpha'\Omega, \\ M = lI, \end{cases}$$

et, en remplaçant les lettres α, α', l par les quantités qu'elles représentent, dans les équations (9),

$$(12) \qquad \begin{cases} M = EI\, \dfrac{d\,\partial q}{ds}, \\[2mm] X = E\Omega\left(\dfrac{d\,\partial x'}{ds} - \tau\right), \\[2mm] Z = G\Omega\left(\dfrac{d\,\partial z'}{ds} - \partial q\right). \end{cases}$$

Les forces intérieures qui sollicitent la section T sont ainsi ramenées à une résultante unique passant par le point m, dont les composantes sont données par les deux dernières équations (12), et à un couple dont le moment est donné par la première de ces équations.

Composons de même en une force unique et un couple

la partie des forces extérieures appliquées entre la section T
et l'extrémité B de la pièce. Nous supposons que l'on
prend dans cette opération, pour les coordonnées des
points d'application, les valeurs qui conviennent à ces
points dans le solide AB, ce qui revient à négliger la différence de ces coordonnées et de celles du solide A_1B_1.
Dans une pièce chargée debout, cette simplification ne
pourrait être admise, mais ce cas sera traité ultérieurement.
Soient P la force et H le couple ainsi obtenus. La partie
mB de la pièce est en équilibre sous l'action : 1° des forces
moléculaires intérieures ; 2° d'une force et d'un couple
appliqués à la section T′, égaux et contraires à la force
(X, Z) et au couple M appliqués à la section T ; 3° de la
force P et du couple H. Les forces moléculaires intérieures
se détruisent comme égales deux à deux et de signes contraires : donc les deux forces et les deux couples se font
équilibre ; donc la force P est égale à la force (X, Z), et
le couple H au couple M. Ainsi les équations (12), dans
lesquelles X, Z, M seront remplacés par leurs valeurs en
fonction des données relatives à la partie des forces extérieures appliquées entre la section T et l'extrémité B,
constitueront le système des équations différentielles de
l'équilibre de la pièce considérée entre les trois inconnues
$\partial x'$, $\partial z'$. ∂y. Si l'on différentie les équations (1) après avoir
remplacé $\cos\alpha$ et $\sin\alpha$ par leurs valeurs $\dfrac{dx}{ds}$ et $\dfrac{dz}{ds}$, et qu'on
les résolve par rapport à $d\,\partial x$, $d\,\partial z$, on obtient

$$(13)\quad \begin{cases} d\,\partial x = \dfrac{dx}{ds}\,d\,\partial x' - \dfrac{dz}{ds}\,d\,\partial z', \\[2mm] d\,\partial z = \dfrac{dz}{ds}\,d\,\partial x' + \dfrac{dx}{ds}\,d\,\partial z'. \end{cases}$$

Si l'on divise les équations (9) par $\lambda\,d\nu = \omega$, et que l'on y remplace α, α' et l par leurs valeurs tirées des équations (11), savoir $\alpha = \dfrac{X}{\Omega}$, $\alpha' = \dfrac{Z}{\Omega}$, $l = \dfrac{M}{I}$, on obtient

$$(14) \quad \begin{cases} R = \dfrac{X}{\Omega} - \dfrac{Mc}{I}, \\[2mm] R' = \dfrac{Z}{\Omega}. \end{cases}$$

Nous avons retrouvé ainsi les sept équations (28), (29), (30) et (31) du n° 22, savoir les équations (12), (13) et (14), dans lesquelles R' représente la quantité désignée par R″ dans les équations (31).

Les équations (20) peuvent recevoir une importante simplification dans plusieurs cas de la pratique. Elle consiste à négliger les quantités $\dfrac{X}{E\Omega}$, $\dfrac{Y}{G\Omega}$, $\dfrac{Z}{G\Omega}$, généralement très-petites par rapport aux quantités $\dfrac{d\,\partial x'}{ds}$, $\dfrac{d\,\partial y'}{ds}$, $\dfrac{d\,\partial z'}{ds}$, ce qui réduit ces équations à

$$\frac{d\,\partial x'}{ds} - \tau = 0,$$

$$\frac{d\,\partial y'}{ds} + \partial r' = 0,$$

$$\frac{d\,\partial z'}{ds} - \partial q' = 0.$$

Les deux dernières expriment la condition que les sections normales à la fibre moyenne du solide AB dans le premier état d'équilibre restent normales à la fibre moyenne du solide $A_1 B_1$ correspondant au second état d'équilibre. En effet, si cette condition était remplie, après le mouvement de la pièce AB qui fait coïncider la section T avec la section T_1, le point m', qui occupe la position m_3 (*fig.* 2), serait situé sur la droite $m_1 m'_1$, puisque mm' est normal à T et $m_1 m'_1$ normal à T_1. Mais les projections de la distance $m_3 m'_1$ sur les axes mx', my', mz', transportés en $m_1 x'_1$, $m_1 y'_1$, $m_1 z'_1$ lorsque T a été transporté en T_1, ne diffèrent que de quantités négligeables des projections de cette même distance sur les axes mx', my', mz'. On pourra donc prendre les premières pour représenter les valeurs de celles-ci. Or, les premières sont égales à zéro sur les axes $m_1 y'_1$, $m_1 z'_1$, qui sont perpendiculaires à la direction de $m_3 m'_1$. Mais, si l'on cherche la valeur des projections sur my', mz' de la distance $m_3 m'_1$, on trouve les expressions (5) du n° 14. On aura donc

$$d\partial y' + ds\,\partial r' = 0,$$

$$d\partial z' - ds\,\partial q' = 0.$$

Ces équations expriment donc la condition que les sections normales à la fibre moyenne restent normales à cette fibre dans le second état d'équilibre de la pièce.

Cette condition exige que $\dfrac{Y}{G\Omega}$, $\dfrac{Z}{G\Omega}$ soient des quantités négligeables par rapport à $\partial r'$, $\partial q'$. Or les équations (21) donnent

$$\partial q' = \int \frac{M\,ds}{EI'}, \qquad \partial r' = \int \frac{N\,ds}{EI''}.$$

Soient x, y, z les coordonnées du point où la résultante P (n° 21) rencontre le plan $x'z'$ de la section T. Les moments M et N seront $M = -zX$, $N = yX$. En supposant constantes les quantités $\dfrac{M}{EI'}$, $\dfrac{N}{EI''}$, on a, en désignant par s la longueur de l'arc comprise entre les deux limites de l'intégration $\displaystyle\int \frac{M\,ds}{EI'} = \frac{Ms}{EI'}$, $\displaystyle\int \frac{N\,ds}{EI''} = \frac{Ns}{EI''}$, et en remplaçant M et N par leurs valeurs.

$$\partial q' = -\frac{z\,\mathrm{X}\,s}{\mathrm{EI}'},$$

$$\partial r' = \frac{y\,\mathrm{X}\,s}{\mathrm{EI}''}.$$

Ainsi les quantités $\dfrac{\mathrm{Y}}{\mathrm{G}\Omega}$, $\dfrac{\mathrm{Z}}{\mathrm{G}\Omega}$ doivent être négligeables par rapport à $\dfrac{z\,\mathrm{X}\,s}{\mathrm{EI}'}$, $\dfrac{y\,\mathrm{X}\,s}{\mathrm{EI}''}$. Cette condition est très-souvent réalisée dans la pratique. Elle l'est notamment dans les arcs à grand surbaissement, où X est très-grand par rapport aux autres composantes Y, Z, surtout lorsque les rayons de gyration dont les carrés sont $\dfrac{\mathrm{I}'}{\Omega}$, $\dfrac{\mathrm{I}''}{\Omega}$ ont de très-petites valeurs par rapport aux produits zs, ys, comme cela a toujours lieu pour les pièces dont les dimensions transversales sont très-petites par rapport à la longueur. En effet, $\dfrac{\mathrm{I}'}{\Omega'}$, $\dfrac{\mathrm{I}''}{\Omega''}$, carrés des rayons de gyration, sont d'un ordre de grandeur comparable à z^2 ou y^2; donc les rapports de ces carrés aux produits zs, ys sont comparables à $\dfrac{z}{s}$, $\dfrac{y}{s}$, quantités très-petites.

CHAPITRE II.

DÉTERMINATION DES FORCES EXTÉRIEURES PROVENANT DE LA RÉACTION DES APPUIS SITUÉS AUX EXTRÉMITÉS DE LA PIÈCE.

25. Supposons que la fibre moyenne soit un arc de cercle situé dans un plan vertical partageant les sections normales en deux parties symétriques et contenant les forces extérieures autres que le poids propre de la pièce. Cette dernière force est elle-même située dans ce plan par suite de la symétrie du solide par rapport à ce même plan. Nous supposerons en outre que la pièce est partagée en deux parties symétriques l'une de l'autre par un plan perpendiculaire sur le milieu de la corde horizontale qui joint les extrémités de l'arc. Enfin la pièce est supposée faire corps, par ses deux sections normales extrêmes, avec des massifs inébranlables.

Dans le premier état d'équilibre, la pesanteur de la pièce est détruite par la réaction de points d'appui suffisamment multipliés, tels que ceux que l'on obtient, d'ordinaire, par l'établissement de cintres ou échafaudages.

Dans le second état d'équilibre, la pièce est soumise à des forces verticales connues, y compris son propre poids, et en outre à des forces inconnues provenant de la réaction des appuis appliquées aux divers points des sections extrêmes EC, FD (*fig.* 6). Les réactions appliquées à la section FD peuvent se ramener à une résultante unique passant par le point B, centre de la section, et à un couple.

Soient P la projection verticale de cette résultante, Q sa projection horizontale et L le moment du couple. Nous pouvons déterminer ces trois quantités inconnues à l'aide des équations (12) et (13). Ces équations deviennent, par l'élimination de $d\,\delta x'$, $d\,\delta z'$,

$$(1) \quad \begin{cases} d\,\delta q = \dfrac{M\,ds}{EI}, \\[2ex] d\,\delta x = \left(\dfrac{X}{E\Omega} + \tau\right)dx - \left(\dfrac{Z}{G\Omega} + \delta q\right)dz, \\[2ex] d\,\delta z = \left(\dfrac{X}{E\Omega} + \tau\right)dz + \left(\dfrac{Z}{G\Omega} + \delta q\right)dx. \end{cases}$$

Afin de simplifier les premiers calculs, nous supposerons que la température est invariable, ce qui donnera $\tau = 0$, et que les quantités $\dfrac{X}{E\Omega}$ et $\dfrac{Z}{G\Omega}$ peuvent être négligées, ce qui réduira les équations précédentes à

$$(2) \quad \begin{cases} d\,\delta q = \dfrac{M\,ds}{EI}, \\[2ex] d\,\delta x = -\,\delta q\,dz, \\[2ex] d\,\delta z = \delta q\,dx. \end{cases}$$

26. Soient Z' la somme des forces verticales appliquées à la partie de la pièce située à droite de la section quelconque GH (*fig.* 6), non compris la réaction P ; M' le moment de la résultante de ces forces, pris par rapport au centre m de cette section.

Soient O le centre de la circonférence dont fait partie l'arc AJB ; r son rayon ; α le demi-angle au centre JOB. Rapportons la courbe à son centre et à la verticale OJ, comme pôle et axe d'un système de coordonnées polaires.

Prenons pour variable indépendante l'angle que fait le rayon vecteur Om avec l'axe OJ. Les valeurs de cet angle ω seront prises positivement à droite et négativement à gauche de OJ; elles varieront depuis $-\alpha$ jusqu'à $+\alpha$, entre les deux extrémités A et B de la pièce.

Cela posé, la valeur de M [*voir* formule (7), n° **24**] sera donnée par l'équation

$$(b) \quad M = M' + L - Qr(\cos\omega - \cos\alpha) + Pr(\sin\alpha - \sin\omega).$$

Mettons cette valeur dans la première des équations (2), $r\,d\omega$ à la place de ds, et nous aurons

$$(3) \quad \begin{cases} d\,\delta q = \dfrac{M'r\,d\omega}{EI} + \dfrac{Lr\,d\omega}{EI} \\[2ex] \qquad - Qr^2(\cos\omega - \cos\alpha)\dfrac{d\omega}{EI} + Pr^2(\sin\alpha - \sin\omega)\dfrac{d\omega}{EI}. \end{cases}$$

Multiplions par E et intégrons depuis $-\alpha$ jusqu'à ω, c'est-à-dire depuis le point A jusqu'au point m; nous aurons, en désignant par δq_0 la valeur de δq à l'origine A,

$$E(\delta q - \delta q_0) = r\int_{-\alpha}^{\omega}\frac{M'\,d\omega}{I} + A\int_{-\alpha}^{\omega}\frac{d\omega}{I}$$
$$- Pr^2\int_{-\alpha}^{\omega}\frac{\sin\omega\,d\omega}{I} - Qr^2\int_{-\alpha}^{\omega}\frac{\cos\omega\,d\omega}{I},$$

dans laquelle $A = Pr^2\sin\alpha + Qr^2\cos\alpha + Lr$.

Mettons dans les formules (2) la valeur de δq tirée de l'équation précédente, $r\,d\omega\cos\omega$ à la place de dx, $r\,d\omega\sin\omega$ à la place de dz, et nous aurons, en multipliant par E,

$$(4) \quad \begin{cases} E\,d\,\delta x = - r\sin\omega\,d\omega\left(E\,\delta q_0 + r\int_{-\alpha}^{\omega}\frac{M'\,d\omega}{I} + A\int_{-\alpha}^{\omega}\frac{d\omega}{I}\right. \\[2ex] \qquad \left. - Pr^2\int_{-\alpha}^{\omega}\frac{\sin\omega\,d\omega}{I} - Qr^2\int_{-\alpha}^{\omega}\frac{\cos\omega\,d\omega}{I}\right), \end{cases}$$

$$(5) \quad \mathrm{E}\,d\,\delta z = r\cos\omega\,d\omega\left(\mathrm{E}\,\delta q_0 + r\int_{-\alpha}^{\omega}\frac{\mathrm{M}'d\omega}{\mathrm{I}} + \mathrm{A}\int_{-\alpha}^{\omega}\frac{d\omega}{\mathrm{I}} - \mathrm{P}\,r^2\int_{-\alpha}^{\omega}\frac{\sin\omega\,d\omega}{\mathrm{I}} - \mathrm{Q}\,r^2\int_{-\alpha}^{\omega}\frac{\cos\omega\,d\omega}{\mathrm{I}}\right).$$

Intégrons maintenant les trois équations (3), (4), (5) depuis $-\alpha$ jusqu'à α; nous aurons, en désignant par δq_1 la valeur de δq à l'extrémité B; par δx_0, δx_1, δz_0 et δz celles de δx et δz aux extrémités A et B.

$$(6) \quad \begin{aligned} \mathrm{E}(\delta q_1 - \delta q_0) &= r\int_{-\alpha}^{\alpha}\frac{\mathrm{M}'d\omega}{\mathrm{I}} + \mathrm{A}\int_{-\alpha}^{\alpha}\frac{d\omega}{\mathrm{I}} \\ &\quad - \mathrm{P}\,r^2\int_{-\alpha}^{\alpha}\frac{\sin\omega\,d\omega}{\mathrm{I}} - \mathrm{Q}\,r^2\int_{-\alpha}^{\alpha}\frac{\cos\omega\,d\omega}{\mathrm{I}}, \end{aligned}$$

$$(7) \quad \begin{aligned} \mathrm{E}(\delta x_1 - \delta x_0) &= -\,r\mathrm{E}\,\delta q_0\int_{-\alpha}^{\alpha}\sin\omega\,d\omega - r^2\int_{-\alpha}^{\alpha}\left(\sin\omega\,d\omega\int_{-\alpha}^{\omega}\frac{\mathrm{M}'d\omega}{\mathrm{I}}\right) \\ &\quad - r\mathrm{A}\int_{-\alpha}^{\alpha}\left(\sin\omega\,d\omega\int_{-\alpha}^{\omega}\frac{d\omega}{\mathrm{I}}\right) + \mathrm{P}\,r^3\int_{-\alpha}^{\alpha}\left(\sin\omega\,d\omega\int_{-\alpha}^{\omega}\frac{\sin\omega\,d\omega}{\mathrm{I}}\right) \\ &\quad + \mathrm{Q}\,r^3\int_{-\alpha}^{\alpha}\left(\sin\omega\,d\omega\int_{-\alpha}^{\omega}\frac{\cos\omega\,d\omega}{\mathrm{I}}\right). \end{aligned}$$

$$(8) \quad \begin{aligned} \mathrm{E}(\delta z_1 - \delta z_0) &= r\mathrm{E}\,\delta q_0\int_{-\alpha}^{\alpha}\cos\omega\,d\omega + r^2\int_{-\alpha}^{\alpha}\left(\cos\omega\,d\omega\int_{-\alpha}^{\omega}\frac{\mathrm{M}'d\omega}{\mathrm{I}}\right) \\ &\quad + r\mathrm{A}\int_{-\alpha}^{\alpha}\left(\cos\omega\,d\omega\int_{-\alpha}^{\omega}\frac{d\omega}{\mathrm{I}}\right) - \mathrm{P}\,r^3\int_{-\alpha}^{\alpha}\left(\cos\omega\,d\omega\int_{-\alpha}^{\omega}\frac{\sin\omega\,d\omega}{\mathrm{I}}\right) \\ &\quad - \mathrm{Q}\,r^3\int_{-\alpha}^{\alpha}\left(\cos\omega\,d\omega\int_{-\alpha}^{\omega}\frac{\cos\omega\,d\omega}{\mathrm{I}}\right). \end{aligned}$$

27. Les deux dernières équations contiennent des intégrales doubles qui peuvent être remplacées par des intégrales simples à l'aide de l'intégration par parties qui donne les résultats suivants :

$$\int_{-\alpha}^{\alpha}\left(\sin\omega\,d\omega\int_{-\alpha}^{\omega}\frac{M'\,d\omega}{I}\right)=\int_{-\alpha}^{\alpha}\frac{M'\,d\omega}{I}\left(\cos\omega-\cos\alpha\right),$$

$$\int_{-\alpha}^{\alpha}\left(\sin\omega\,d\omega\int_{-\alpha}^{\omega}\frac{d\omega}{I}\right)=\int_{-\alpha}^{\alpha}\frac{d\omega}{I}\left(\cos\omega-\cos\alpha\right),$$

$$\int_{-\alpha}^{\alpha}\left(\sin\omega\,d\omega\int_{-\alpha}^{\omega}\frac{\sin\omega\,d\omega}{I}\right)=\int_{-\alpha}^{\alpha}\frac{\sin\omega\,d\omega}{I}\left(\cos\omega-\cos\alpha\right),$$

$$\int_{-\alpha}^{\alpha}\left(\sin\omega\,d\omega\int_{-\alpha}^{\omega}\frac{\cos\omega\,d\omega}{I}\right)=\int_{-\alpha}^{\alpha}\frac{\cos\omega\,d\omega}{I}\left(\cos\omega-\cos\alpha\right),$$

$$\int_{-\alpha}^{\alpha}\left(\cos\omega\,d\omega\int_{-\alpha}^{\omega}\frac{M'\,d\omega}{I}\right)=\int_{-\alpha}^{\alpha}\frac{M'\,d\omega}{I}\left(\sin\alpha-\sin\omega\right),$$

$$\int_{-\alpha}^{\alpha}\left(\cos\omega\,d\omega\int_{-\alpha}^{\omega}\frac{d\omega}{I}\right)=\int_{-\alpha}^{\alpha}\frac{d\omega}{I}\left(\sin\alpha-\sin\omega\right),$$

$$\int_{-\alpha}^{\alpha}\left(\cos\omega\,d\omega\int_{-\alpha}^{\omega}\frac{\sin\omega\,d\omega}{I}\right)=\int_{-\alpha}^{\alpha}\frac{\sin\omega\,d\omega}{I}\left(\sin\alpha-\sin\omega\right),$$

$$\int_{-\alpha}^{\alpha}\left(\cos\omega\,d\omega\int_{-\alpha}^{\omega}\frac{\cos\omega\,d\omega}{I}\right)=\int_{-\alpha}^{\alpha}\frac{\cos\omega\,d\omega}{I}\left(\sin\alpha-\sin\omega\right).$$

Posons, pour abréger,

$$\int_{-\alpha}^{\alpha}\frac{M'\,d\omega}{I}=m_0,$$

$$\int_{-\alpha}^{\alpha}\frac{M'\cos\omega\,d\omega}{I}=m_1,$$

$$\int_{-\alpha}^{\alpha}\frac{d\omega}{I}=\rho_0,$$

$$\int_{-\alpha}^{\alpha}\frac{\cos\omega\,d\omega}{I}=\rho_1.$$

Les deux premières des huit intégrales précédentes seront

$$m_1 - m_0 \cos \alpha,$$

$$\rho_1 - \rho_0 \cos \alpha.$$

La troisième est égale à zéro. En effet, les deux valeurs de la différentielle correspondant à deux points symétriques pour lesquelles ω a deux valeurs égales et de signes contraires sont elles-mêmes égales et de signes contraires, car les valeurs de I sont les mêmes pour ces deux points, par suite de la symétrie de la pièce par rapport au plan vertical perpendiculaire sur le milieu de la corde AB.

Posons

$$\int_{-\alpha}^{\alpha} \frac{\cos^2 \omega \, d\omega}{I} = \rho_2,$$

et la quatrième intégrale deviendra

$$\rho_2 - \rho_1 \cos \alpha.$$

En posant

$$\int_{-\alpha}^{\alpha} \frac{M' \sin \omega \, d\omega}{I} = m_2,$$

la cinquième intégrale devient

$$m_0 \sin \alpha - m_2.$$

L'intégrale $\int_{-\alpha}^{\alpha} \frac{\sin \omega \, d\omega}{I}$ est nulle comme composée d'éléments égaux deux à deux et de signes contraires. La sixième intégrale se réduira donc à

$$\rho_0 \sin \alpha.$$

En mettant dans la septième $1 - \cos^2 \omega$ au lieu de $\sin^2 \omega$, elle devient

$$\rho_2 - \rho_0.$$

La huitième, dans laquelle $\int_{-\alpha}^{\alpha} \frac{\cos \omega \sin \omega \, d\omega}{I}$ est nulle comme composée d'éléments égaux deux à deux et de signes contraires, se réduit à

$$\rho_1 \sin \alpha.$$

A l'aide de ces valeurs, les équations (6), (7) et (8) deviennent

$$(9) \qquad \mathrm{E}(\partial q_1 - \partial q_0) = r m_0 + \mathrm{A}\rho_0 - \mathrm{Q}r^2\rho_1,$$

$$(10) \quad \left\{ \begin{aligned} \mathrm{E}(\partial x_1 - \partial x_0) &= - r^2(m_1 - m_0\cos\alpha) \\ &\quad - r\mathrm{A}(\rho_1 - \rho_0\cos\alpha) + \mathrm{Q}r^3(\rho_2 - \rho_1\cos\alpha), \end{aligned} \right.$$

$$(11) \quad \left\{ \begin{aligned} \mathrm{E}(\partial z_1 - \partial z_0) &= 2r\mathrm{E}\partial q_0 \sin\alpha + r^2(m_0\sin\alpha - m_2) \\ &\quad + r\mathrm{A}\rho_0\sin\alpha - \mathrm{P}r^3(\rho_2 - \rho_0) - \mathrm{Q}r^3\rho_1\sin\alpha. \end{aligned} \right.$$

28. L'inconnue L n'entre dans ces équations que dans le trinôme A. L'inconnue P n'entre pas dans les deux premières, qui suffisent pour déterminer A et Q. Avant de les résoudre par rapport à ces inconnues, posons, pour abréger,

$$\mathrm{E}(\partial q_1 - \partial q_0) - r m_0 = c,$$
$$\mathrm{E}(\partial x_1 - \partial x_0) + r^2(m_1 - m_0\cos\alpha) = c',$$
$$\rho_1 - \rho_0\cos\alpha = a,$$
$$\rho_2 - \rho_1\cos\alpha = b.$$

Les deux équations (9) et (10) seront alors

$$\rho_0\mathrm{A} - \rho_1 r^2\mathrm{Q} = c,$$
$$- a r\mathrm{A} + b r^3\mathrm{Q} = c',$$

d'où l'on tire

$$(12) \qquad \mathrm{A} = \frac{b r c + \rho_1 c'}{r(b\rho_0 - a\rho_1)},$$

$$(13) \qquad \mathrm{Q} = \frac{\rho_0 c' + a r c'}{r^3(b\rho_0 - a\rho_1)}.$$

Pour abréger les écritures de l'équation (11), posons

$$\mathrm{E}(\partial z_1 - \partial z_0) - 2r\mathrm{E}\partial q_0 \sin\alpha - r^2(m_0\sin\alpha - m_2) = c'';$$

cette équation donnera, pour la valeur de P, après la substitution des valeurs précédentes de A et Q,

$$(14) \qquad P = \frac{r \sin\alpha\, c - c''}{r^3(\rho_2 - \rho_0)}.$$

Remplaçant A par le trinôme qu'il représente dans l'équation (12), on obtient une équation qui donnera la valeur de L en fonction de P et Q, savoir

$$(15) \qquad L = - r(P \sin\alpha + Q \cos\alpha) + \frac{brc + \rho_1 c'}{r^2(b\rho_0 - a\rho_1)}.$$

29. La valeur (13) de Q est indépendante de c'' et par conséquent des variations ∂z_0, ∂z_1, projections verticales des déplacements des extrémités de la pièce. La valeur (14) de P est indépendante de c', et par suite de ∂x_0, ∂x_1, projections horizontales des mêmes déplacements. On en conclut que, si les appuis n'étaient pas inébranlables, et que les extrémités pussent se déplacer, des déplacements verticaux ne changeraient pas la valeur de Q, et la valeur de P ne serait pas modifiée par des déplacements horizontaux.

30. Lorsque les forces verticales données sont symétriques par rapport au plan perpendiculaire sur le milieu de la corde, la valeur de P donnée par la formule (14) se réduit, dans le cas de l'immobilité des extrémités, à la moitié de la somme de ces forces.

Remplaçons dans cette formule c et c'' par les polynômes qu'ils représentent; elle deviendra

$$(16) \qquad P = \frac{Er \sin\alpha\,(\partial q_0 + \partial q_1) - E(\partial z_1 - \partial z_0) - r^2 m_2}{r^3(\rho_2 - \rho_0)}.$$

La quantité $m_2 = \displaystyle\int_{-\alpha}^{\alpha} \frac{M' \sin\omega\, d\omega}{I}$ devient égale à $\dfrac{\Pi r(\rho_2 - \rho_0)}{2}$,

Π désignant le poids total de la pièce et des charges qu'elle supporte lorsque ces charges sont symétriques.

En effet, formons l'expression de M′ (n° 26). Soit g la distance horizontale de la résultante Z′ à l'axe vertical OK (*fig*. 7). Cette force Z′ est la résultante des forces verticales appliquées à la partie de la pièce située à droite de la section LN (n° 26). M′ est le moment de cette résultante par rapport au point m, centre de gravité de la même section. On a donc

$$M' = (g - r\sin\omega)\,Z'.$$

Soient L′N′ la section normale symétrique de LN; Z″, M″ les valeurs de Z′, M′ correspondant à cette section. Par suite de la symétrie des forces, la résultante appliquée au solide ECL′N′ est égale à Z′, appliquée à son symétrique FDLN. On a donc

$$Z' + Z'' = \Pi.$$

Le moment M″ est égal à la somme des moments par rapport à m' de la résultante Z′ et de celle qui est appliquée au solide LNN′L′. Cette dernière, passant par le sommet de l'arc, est égale à $\Pi - 2Z'$. Le premier moment est égal à $Z'(g + r\sin\omega)$ et le second à $(\Pi - 2Z')r\sin\omega$. Il en résulte

$$M'' = g\,Z' + r\sin\omega\,(\Pi - Z').$$

Les deux éléments différentiels de l'intégrale m_2, qui correspondent aux deux points m et m', ayant pour coordonnées angulaires ω et $-\omega$, ont une somme égale à $\dfrac{\Pi r\sin^2\omega\,d\omega}{I}$; on aura donc

$$m_2 = \int_0^{\,a}\left(\frac{\Pi r\sin^2\omega\,d\omega}{I}\right).$$

Mais on a

$$\int_0^{\,a}\frac{\sin^2\omega\,d\omega}{I} = \int_0^{\,a}\frac{d\omega}{I} - \int_0^{\,a}\frac{\cos^2\omega\,d\omega}{I} = \tfrac{1}{2}(\rho_0 - \rho_2);$$

on en conclut

$$m_2 = \frac{\Pi r(\rho_2 - \rho_0)}{2},$$

ainsi que nous l'avons indiqué plus haut. Ainsi, dans le cas de l'immobilité des sections extrêmes, où les variations δq_0, δq_1, δz_0, δz_1 sont nulles, la formule (14) se réduit à

$$(17) \qquad P = -\frac{\Pi}{2}.$$

Ce résultat, qui est évident *a priori* lorsque les sections extrêmes sont inébranlables, serait tout différent sans cette condition. La réaction de l'appui de droite serait donnée par la formule

$$P = \frac{E r \sin\alpha (\delta q_0 + \delta q_1) - E(\delta z_1 - \delta z_0)}{r^2(\rho_2 - \rho_0)} - \frac{\Pi}{2}$$

et pourrait être très-différente de l'appui de gauche; la somme des deux réactions est d'ailleurs constamment égale à Π. La formule précédente montre qu'elles seront égales entre elles et à $\frac{\Pi}{2}$ toutes les fois que la quantité

$$r \sin\alpha(\delta q_0 + \delta q_1) - \delta z_1 + \delta z_0$$

sera nulle, ce qui peut avoir lieu d'une infinité de manières, dans le cas par exemple où les sections extrêmes éprouvent des rotations égales et de signes contraires, et par conséquent symétriques, ce qui donne $\delta q_0 + \delta q_1 = 0$, et où les déplacements verticaux sont égaux, ce qui donne encore $\delta z_1 - \delta z_0 = 0$.

31. Introduisons dans les formules qui donnent les valeurs de Q et de L (13) et (15) la condition de l'immobilité

des sections extrêmes, et ces formules deviendront

$$(18) \qquad Q = \frac{\rho_0 m_1 - \rho_1 m_0}{r\left(\rho_0 \rho_2 - \rho_1^2\right)},$$

$$(19) \qquad L = - r\left(P \sin z + Q \cos \alpha\right) + \frac{\rho_1 m_1 - \rho_2 m_0}{\rho_0 \rho_2 - \rho_1^2}.$$

Les cinq intégrales que représentent les lettres m_0, m_1, ρ_0, ρ_1, ρ_2 (n° **27**) se calculeront lorsqu'on connaîtra la fonction I, moment d'inertie de la section normale, en un point quelconque m ayant pour coordonnée angulaire ω, pris pour variable indépendante.

*Calcul des modifications des **valeurs** de P, Q, L, résultant de la substitution des équations complètes (1) aux équations approchées (2).*

32. Nous n'avons plus à nous occuper ici que des nouveaux termes introduits par cette substitution dans les équations (9), (10), (11) et suivantes.

Les expressions de X et Z, projections sur les axes mx', mz' de la résultante de toutes les forces appliquées à la partie de la pièce située à droite de la section T, sont

$$(a) \qquad \begin{cases} X = Q \cos \omega + (P + Z') \sin \omega, \\ Z = - Q \sin \omega + (P + Z') \cos \omega. \end{cases}$$

Substituant dans les deux dernières équations (1) et intégrant comme précédemment, on obtient, pour les termes complémentaires Θ de l'équation (10) et Θ' de l'équation (11),

$$\Theta = 2\,E\tau r \sin z + Q r\left[\frac{E}{G}\,\sigma_0 + \left(1 - \frac{E}{G}\right)\sigma_2\right] + \left(1 - \frac{E}{G}\right) r z_1,$$

$$\Theta' = P r\left[\left(\frac{E}{G} - 1\right)\sigma_2 + \sigma_0\right] + \left(\frac{E}{G} - 1\right) r z_2 + r z_0,$$

dans lesquelles les lettres σ_0, σ_2, z_0, z_1, z_2 sont les intégrales suivantes :

$$\sigma_0 = \int_{-\alpha}^{\alpha} \frac{d\omega}{\Omega},$$

$$\sigma_2 = \int_{-\alpha}^{\alpha} \frac{\cos^2\omega \, d\omega}{\Omega},$$

$$z_1 = \int_{-\alpha}^{\alpha} \frac{Z' \sin\omega \cos\omega \, d\omega}{\Omega},$$

$$z_2 = \int_{-\alpha}^{\alpha} \frac{Z' \cos^2\omega \, d\omega}{\Omega},$$

$$z_0 = \int_{-\alpha}^{\alpha} \frac{Z' \, d\omega}{\Omega}.$$

Les polynômes Θ, Θ' sont de la forme

$$\Theta = m Q + n,$$
$$\Theta' = m' P + n',$$

les lettres m, n, m', n' désignant les quantités

$$m = r\left[\frac{E}{G}\sigma_0 + \left(1 - \frac{E}{G}\right)\sigma_2\right],$$

$$n = 2E \sigma r \sin\alpha + \left(1 - \frac{E}{G}\right) r z_1,$$

$$m' = r\left[\left(\frac{E}{G} - 1\right)\sigma_2 + \sigma_0\right],$$

$$n' = \left(\frac{E}{G} - 1\right) r z_2 + r z_0.$$

Les trois équations (9), (10), (11) seront donc

$$\rho_0 A - \rho_1 r^2 Q = c,$$

$$- a r A + (b r^3 + m) Q = c' - n,$$

$$r A \rho_0 \sin\alpha - [r^3(\rho_2 - \rho_0) - m'] P - Q r^3 \rho_1 \sin\alpha = c'' - n';$$

elles se déduisent de celles qui nous ont conduit aux premières valeurs approchées de P, Q, L (n° 28), en y changeant dans les deux dernières b en $b + \dfrac{m}{r^3}$, $r^3(\rho_2 - \rho_0)$, coefficient de P dans la troisième, par $r^3(\rho_2 - \rho_0) - m'$, c' en $c' - n$ et c'' en $c'' - n'$. Il faudra donc faire les mêmes changements dans les valeurs obtenues pour P, Q, L à l'aide de ces trois équations, formules (14), (13) et (15), et l'on obtiendra ainsi

$$ P = \frac{r \sin\alpha \; c - c'' + n'}{r^3(\rho_2 - \rho_0) - m'}, $$

$$ (a') \qquad Q = \frac{\rho_0(c' - n) + arc}{r^3(b\rho_0 - a\rho_1) + m\rho_0}, $$

$$ (20) \quad L = - r(P\sin\alpha + Q\cos\alpha) + \frac{br^3 c + r^2\rho_1(c' - n) + mc}{r\left[r^3(b\rho_0 - a\rho_1) + m\rho_0\right]}; $$

et, en mettant à la place des lettres a, b, c, c', c'', m, n, m', n' les polynômes qu'elles représentent, les deux premières formules deviennent

$$ P = \frac{rm_2 - \left(\dfrac{E}{G} - 1\right)z_2 - z_0}{r^2(\rho_0 - \rho_2) + \left(\dfrac{E}{G} - 1\right)\tau_2 + \tau_0}, $$

$$ (21) \quad \left\{ Q = \frac{r\left[\rho_0 m_1 - \rho_1 m_0 + \rho_0\left[\left(\dfrac{E}{G} - 1\right)z_1 - 2E\tau\sin\alpha\right]\right]}{r^2(\rho_0\rho_2 - \rho_1^2) + \rho_0\left[\dfrac{E}{G}\tau_0 - \left(\dfrac{E}{G} - 1\right)\tau_2\right]} \right. . $$

Dans le cas de la symétrie des charges, les valeurs de z_0 et z_2 sont

$$ z_0 = \int_{-\alpha}^{\alpha} \frac{Z\,d\omega}{\Omega} = \frac{H}{2}\tau_0, $$

$$ z_2 = \int_{-\alpha}^{\alpha} \frac{Z'\cos^2\omega\,d\omega}{\Omega} = \frac{H}{2}\tau_2, $$

ainsi qu'on le trouvera facilement par un calcul et un raisonnement semblables à ceux du n° 30.

Dans ce cas, la première des formules précédentes se réduit à

$$(22) \qquad P = -\frac{\Pi}{2}.$$

La valeur de L sera donnée par la formule suivante, obtenue en éliminant $c' - n$ entre l'équation (a') et l'équation (20) :

$$(23) \qquad L = -r\left(P\sin z + Q\cos z\right) + Qr\,\frac{\rho_1}{\rho_0} - \frac{m_0}{\rho_0}.$$

CHAPITRE III.

STABILITÉ DES VOUTES EN ARC DE CERCLE.

ARTICLE I.

VOUTES D'ÉPAISSEUR VARIABLE.

33. Supposons que la pièce définie géométriquement au commencement du Chapitre précédent (n° 25) soit une voûte de pont en maçonnerie monolithe.

Soient

$CD = 2l'$ (*fig.* 8) l'ouverture de l'arche ;
$GH = f'$ la flèche de l'arc d'intrados ;
$III = IJ = e$ la demi-épaisseur de la voûte à la clef ;
$AC = AE = e'$ cette demi-épaisseur aux naissances.

Ces données permettent de calculer le rayon r et le demi-angle au centre z de l'arc de fibre moyenne AIB, à peu près également distant des arcs d'intrados et d'extrados.

Soit O le centre de cet arc ; portons sur IO, à partir du point I, une longueur IC', égale à AC ou e'. La perpendiculaire élevée sur le milieu de CC' passera par le point O. Mais on a $\dfrac{GC'}{GC} = \tang\, GCC'$, et l'angle GCC' est égal à $\dfrac{\alpha}{2}$, car CC' est parallèle à AI et l'angle de la corde AI avec la corde AB est égal à $\dfrac{\alpha}{2}$. Or GC' est égal à GH ou f' moins

HC′ ou $e' - e$; donc $GC' = f' - e' + e$. Il en résulte

$$(1) \qquad \tang \frac{\alpha}{2} = \frac{f' - e' + e}{l'}.$$

On a, d'autre part, $r = OC + CA$. OC est égal à

$$\frac{CG}{\sin COG} = \frac{l'}{\sin \alpha}$$

et CA à e'; on en conclut

$$(2) \qquad r = \frac{l'}{\sin \alpha} + e'.$$

Une section normale quelconque est un rectangle dont la largeur est égale à celle du pont et la hauteur est une quantité variable telle que KL (*fig.* 8). Le milieu de cette hauteur KL est le centre m de cette section, situé sur l'arc moyen AB. Désignons par ε la moitié de cette hauteur. Elle peut s'exprimer en fonction de ω, avec une approximation suffisante, par la formule

$$(3) \qquad \varepsilon = a - b \cos \omega,$$

les constantes a et b étant déterminées par la condition que les valeurs de ε correspondant à la clef et aux naissances, pour lesquelles on a $\omega = 0$ et $\omega = \alpha$, soient égales à e et e'. Les valeurs de a et b ainsi déterminées sont

$$(4) \qquad \begin{cases} a = e + \dfrac{e' - e}{1 - \cos \alpha}, \\[2mm] b = \dfrac{e' - e}{1 - \cos \alpha}. \end{cases}$$

La largeur du pont étant désignée par L′, on obtient, pour l'aire Ω et le moment d'inertie I de la section KL,

$$(5) \qquad \begin{cases} \Omega = 2 \varepsilon L', \\[2mm] I = \frac{2}{3} \varepsilon^3 L'. \end{cases}$$

Hypothèse sur la répartition des forces extérieures.

34. Les forces appliquées à la pièce sont le poids propre de la voûte et celui de la construction qui la surmonte, y compris les parapets.

Soient

AB (*fig.* 9) la fibre moyenne de la demi-voûte ;
CD, FE les demi-arcs d'intrados et d'extrados ;
OP, OP′ les traces des plans de deux sections normales infiniment voisines NS, N′S′.

L'aire du trapèze NSS′N peut être prise pour mesure du poids de la partie de voûte comprise entre les deux sections NS, N′S′.

Soit FH une verticale menée par le point F, extrémité de l'arc d'extrados. Cette droite limitera la partie de la construction qui pèse sur la voûte. Menons par les points S, S′ deux verticales ST, S′T′ ayant des longueurs égales et telles que l'aire du trapèze STT′S′ mesure le poids de la partie de la construction comprise entre les deux plans ST, S′T′, perpendiculaires au plan de la figure. Si l'on fait la même construction pour chacun des éléments de voûte NSS′N′, le lieu des points T ainsi obtenus formera une ligne GH limitant une aire EGHF qui mesurera le poids total de la charge de la voûte. Cela posé, traçons un arc de cercle GI ayant son centre sur la verticale du point O, centre de l'arc moyen, et terminé au rayon OI passant par l'extrémité B de cet arc moyen. Supposons que la longueur du rayon de cet arc GI soit déterminée de manière que l'aire EGIF soit équivalente à l'aire EGHF.

Portons sur les rayons O*m*, O*m*′ des longueurs QR,

$Q'R'$, égales aux longueurs NP, $N'P'$ comprises entre l'arc d'intrados AB et l'arc GI; les milieux de QR, $Q'R'$ étant situés en m et m', les lieux géométriques des points Q et R seront deux arcs de courbe LM, JK tels que l'aire $QRR'Q'$ ne diffère de l'aire $NPP'N'$ que d'une quantité très-petite. Nous supposerons que cette dernière mesure le poids de la partie de voûte comprise entre les sections NS, $N'S'$, augmenté de la partie de la surcharge qu'elle supporte, et, remplaçant cette aire par $QRR'Q'$, nous admettrons que la résultante des poids qu'elle représente est appliquée au centre m de la section NS.

Il est bien difficile d'apprécier avec exactitude la manière dont le poids des murs de tête, celui des massifs de remplissage compris entre ces murs, ainsi que ceux des parapets et de la chaussée, se répartissent sur les divers points de la surface d'extrados de la voûte; mais les hypothèses que nous venons de faire dans le but de simplifier les calculs peuvent être considérées comme représentant cette répartition d'une manière suffisamment exacte dans la plupart des cas de la pratique.

La hauteur QR du quadrilatère $QRR'Q'$ peut s'exprimer en fonction de ω par une formule entièrement semblable à la formule (3), savoir

$$(6) \qquad H = A - B\cos\omega,$$

les constantes A et B étant déterminées par la condition que les valeurs de H correspondant à $\omega = 0$, $\omega = \alpha$ soient égales à $E_0 = JL$, $E_1 = KM$.

Les constantes ainsi déterminées sont

$$(7) \qquad \begin{cases} A = E_0 + \dfrac{E_1 - E_0}{1 - \cos\alpha}, \\[2ex] B = \dfrac{E_1 - E_0}{1 - \cos\alpha}. \end{cases}$$

Le poids de l'unité de volume de la voûte étant représenté par π, la force élémentaire appliquée au point m sera

$$dZ' = \pi L'H\,ds.$$

Remplaçons la longueur $ds = mm'$ (*fig.* 9) par sa valeur $r\,d\omega$ et H par la valeur que prend le second membre de l'équation (6) quand on remplace A et B par les valeurs (7), et nous aurons

$$dZ' = \left[\pi L'r E_0 + \pi L'r (E_1 - E_0) \frac{1 - \cos\omega}{1 - \cos\alpha} \right] d\omega,$$

que nous écrirons, pour abréger,

$$(8) \qquad dZ' = \left[A' + B'(1 - \cos\omega) \right] d\omega,$$

les lettres A', B' représentant les quantités

$$(9) \qquad \begin{cases} \pi L'r E_0 = A', \\[2mm] \pi L'r \dfrac{E_1 - E_0}{1 - \cos\alpha} = B'. \end{cases}$$

Intégrons l'équation (8) entre les points A et B (*fig.* 9). c'est-à-dire depuis $\omega = 0$ jusqu'à $\omega = \alpha$, et nous aurons

$$(a) \qquad \frac{H}{2} = A'\alpha + B'(\alpha - \sin\alpha).$$

Ainsi la valeur de l'inconnue P, réaction verticale de chacun des appuis, donnée par la formule (22) (n° **32**), sera

$$(10) \qquad P = - A'\alpha - B'(\alpha - \sin\alpha).$$

35. Cherchons actuellement les valeurs de Z' et M' qui entrent dans les intégrales m_0, m_1, z_1, servant au calcul de Q et L donnés par les formules (22) et (23), (n°ˢ **27** et **32**).

Intégrons la formule (8) entre les points m et B, et nous obtiendrons la valeur de Z', savoir

$$(11) \qquad Z' = A'(\alpha - \omega) + B'(\alpha - \omega) - B'(\sin\alpha - \sin\omega).$$

Soit g' la distance du point d'application de cette résultante à la verticale du sommet de l'arc. La quantité M', moment de cette résultante par rapport au point m, centre de la section KL (*fig.* 8), sera donnée par l'équation

$$M' = g'Z' - r\sin\omega\, Z'.$$

Le produit $g'Z'$, moment de la résultante Z' par rapport au point I, est égal au moment par rapport au même point du poids $\dfrac{\Pi}{2}$ de la demi-voûte et de sa surcharge, moins le moment du poids $\dfrac{\Pi}{2} - Z'$, appliqué à la partie de voûte comprise entre la section JII à la clef et la section KL (*fig.* 8).

Pour obtenir ces deux moments, il faut intégrer le produit $r\sin\omega\, dZ'$ depuis zéro jusqu'à α d'une part, d'autre part depuis zéro jusqu'à ω, et, retranchant le second résultat du premier, on obtiendra la quantité $g'Z'$. Désignons par M''_α la valeur du premier résultat, c'est-à-dire le moment de la demi-construction par rapport au sommet de l'arc moyen; nous aurons

$$(12) \qquad M''_\alpha = rA'(1 - \cos\alpha) + rB'\left(1 - \cos\alpha - \frac{1 - \cos^2\alpha}{2}\right).$$

Désignons le second résultat par M'', et nous aurons de même

$$(13) \qquad M'' = rA'(1 - \cos\omega) + rB'\left(1 - \cos\omega - \frac{1 - \cos^2\omega}{2}\right),$$

et la valeur de M' devient

$$(14) \qquad M' = M''_\alpha - M'' - r\sin\omega\, Z'.$$

La valeur de Z' est donnée par l'équation (11) et peut se mettre sous la forme

$$(c) \qquad Z' = \frac{\Pi}{2} - Z'',$$

en représentant par Z'' le poids de la partie de la construction située entre la clef et la section KL (*fig.* 8), savoir

$$(15) \qquad Z'' = A'\omega + B'(\omega - \sin\omega).$$

Nous pouvons former maintenant l'intégrale

$$m_0 = \int_{-\alpha}^{\alpha} \frac{M' \, d\omega}{1}.$$

Il faut pour cela remplacer Z'', Z', M'' par leurs valeurs en fonction de ω dans l'expression de M', donnée par l'équation (14), multiplier les deux membres de cette équation par $\frac{d\omega}{1}$, et intégrer depuis $-\alpha$ jusqu'à α; on obtiendra ainsi

$$(16) \quad \begin{cases} m_0 = (M''_0) - \alpha A' - \frac{1}{2}\alpha B' p_0 \\[2mm] \qquad + (\alpha A' + \alpha B') p_1 + \frac{\alpha B'}{2} p_2 - (\alpha A' + \alpha B') \rho', \end{cases}$$

dans laquelle les lettres p_0, p_1, p_2 sont les intégrales indiquées n° **27**, et la lettre ρ' est l'intégrale

$$\rho' = \int_{-\alpha}^{\alpha} \frac{\omega \sin\omega}{1} \, d\omega.$$

Pour former l'intégrale

$$m_1 = \int_{-\alpha}^{\alpha} \frac{M' \cos\omega}{1} \, d\omega,$$

il faut augmenter d'une unité les exposants de $\cos\omega$ dans la différentielle précédente, ce qui conduit à

$$(17) \quad \begin{cases} m_1 = \left(M''_\alpha - rA' - \tfrac{3}{2} rB' \right) z_1 \\ \qquad + \left(rA' + rB' \right) \rho_2 + \dfrac{rB'}{2} \rho_3 + \left(rA' + rB' \right) \rho'', \end{cases}$$

dans laquelle les lettres ρ_3, ρ'' désignent les intégrales

$$\rho'' = \int_{-\alpha}^{\alpha} \frac{\omega \sin \omega \cos \omega}{1} \, d\omega,$$

$$\rho_3 = \int_{-\alpha}^{\alpha} \frac{\cos^3 \omega}{1} \, d\omega.$$

La valeur de z_1 (voir n° **32**) est donnée par l'intégrale suivante :

$$z_1 = \int_{-\alpha}^{\alpha} \frac{Z' \sin \omega \cos \omega}{\Omega} \, d\omega.$$

Si l'on remplace Z' par $\dfrac{\mathrm{H}}{2} - Z''$, on décompose cette intégrale en deux parties, dont la première est nulle, comme composée d'éléments égaux deux à deux et de signes contraires, et il reste

$$z_1 = \int_{-\alpha}^{\alpha} - \frac{Z'' \sin \omega \cos \omega}{\Omega} \, d\omega.$$

Remplaçons Z'' par sa valeur en fonction de ω, formule (15), et nous aurons

$$(18) \qquad z_1 = - \left(A' + B' \right) \tau'' + B' \left(\tau_1 - \tau_3 \right).$$

Les valeurs de m_0, m_1, z_1 données par les formules (16), (17) et (18) étant introduites dans l'équation (21), qui donne la valeur de Q (*voir* n° 32), on obtient, pour cette inconnue,

$$(19)\quad Q = \frac{\left\{\begin{array}{l} A'(\delta + \delta'') + B'\left(\delta + \delta'' + \dfrac{\delta'}{2}\right) \\ -\dfrac{1}{r^2}\left[\left(\dfrac{E}{G} - 1\right)\left[A'\sigma'' + B'(\sigma'' - \sigma_1 + \sigma_3)\right] + 2E\tau\sin\alpha\right] \end{array}\right.}{\delta + \dfrac{1}{r^2}\left[\dfrac{E}{G}\sigma_0 - \left(\dfrac{E}{G} - 1\right)\sigma_2\right]}$$

les lettres δ, δ', δ'' représentant les quantités

$$(20)\quad \left\{\begin{array}{l} \rho_2 - \dfrac{\rho_1^2}{\rho_0} = \delta, \\ \rho_3 - \dfrac{\rho_2\rho_1}{\rho_0} = \delta', \\ \rho'' - \dfrac{\rho'\rho_1}{\rho_0} = \delta''. \end{array}\right.$$

Si, pour obtenir les valeurs de δ, δ', δ'', on calculait directement ρ_0, ρ_1, ρ_2 pour les introduire dans les formules précédentes dans tous les cas où l'angle α a des valeurs peu considérables, il faudrait déterminer les valeurs de ρ_0, ρ_1, ρ_2 avec un très-grand nombre de chiffres significatifs, attendu que les deux termes des binômes précédents ont des valeurs très-peu différentes et que la soustraction fait disparaître plusieurs chiffres. Pour surmonter cette difficulté, nous avons été conduit à introduire dans les formules (20), à la place de ρ_1, ρ_2, ρ_3, leurs valeurs en fonction des différences première, seconde et troisième

$$(21)\quad \left\{\begin{array}{l} \Delta = \rho_0 - \rho_1, \\ \Delta' = \rho_0 - 2\rho_1 + \rho_2, \\ \Delta'' = \rho_0 - 3\rho_1 + 3\rho_2 - \rho_3, \end{array}\right.$$

équations d'où l'on tire

$$(22) \qquad \begin{cases} \rho_1 = \rho_0 - \Delta, \\ \rho_2 = \rho_0 - 2\Delta + \Delta', \\ \rho_3 = \rho_0 - 3\Delta + 3\Delta' - \Delta''. \end{cases}$$

Substituant ces valeurs dans les deux premières formules (20), on obtient, toutes réductions faites,

$$(23) \qquad \begin{cases} \partial = \Delta' - \dfrac{\Delta^2}{\rho_0}, \\ \partial' = 2\partial - \Delta'' + \dfrac{\Delta\Delta'}{\rho_0}. \end{cases}$$

La troisième formule devient, par la substitution de $\rho_0 - \Delta$, à la place de ρ_1,

$$(24) \qquad \partial'' = \frac{\partial\partial'}{\rho_0} - \rho' + \rho''.$$

Lorsque l'angle α est petit, $\rho' = \displaystyle\int_{-\alpha}^{+\alpha} \frac{\omega\sin\omega}{\mathrm{I}}\, d\omega$ est peu inférieur à $\displaystyle\int_{-\alpha}^{\alpha} 2\,\frac{\mathrm{I} - \cos\omega}{\mathrm{I}}\, d\omega$ ou 2Δ, ainsi qu'on le reconnaît par les développements de $\omega\sin\omega$ et de $2(\mathrm{I} - \cos\omega)$ suivant les puissances croissantes de l'arc ω, savoir

$$\omega\sin\omega = \omega^2 - \frac{\omega^4}{6} + \ldots,$$

$$2(\mathrm{I} - \cos\omega) = \omega^2 - \frac{\omega^4}{12} + \ldots.$$

De même, $\rho' - \rho''$ est peu inférieur à $2\Delta'$, car on a

$$\rho' - \rho'' = \int_{-\alpha}^{\alpha} \frac{\omega\sin\omega\,(\mathrm{I} - \cos\omega)}{\mathrm{I}}\, d\omega$$

et

$$\Delta' = \rho_0 - 2\rho_1 + \rho_2 = \int_{-\alpha}^{\alpha} \frac{(1 - \cos\omega)^2}{I}\, d\omega.$$

Nous sommes ainsi conduits à introduire dans la formule (24), à la place de ρ' et $\rho' - \rho''$, les différences

$$(25) \qquad \begin{cases} \Delta'_1 = 2\Delta - \rho', \\ \Delta''_1 = 2\Delta' - \rho' + \rho''. \end{cases}$$

On obtient ainsi, pour la valeur de δ'',

$$(26) \qquad \delta'' = -2\delta + \Delta''_1 - \frac{\Delta\Delta'_1}{\rho_0}.$$

Les valeurs de δ' et δ'' données par l'équation précédente et la seconde équation (23) deviendront enfin

$$(27) \qquad \begin{cases} \delta' = 2\delta - \delta_1, \\ \delta'' = -2\delta + \delta_2, \end{cases}$$

dans lesquelles les lettres δ_1 et δ_2 désignent les binômes suivants :

$$(28) \qquad \begin{cases} \Delta'' - \dfrac{\Delta\Delta'}{\rho_0} = \delta_1. \\[2mm] \Delta''_1 - \dfrac{\Delta\Delta'_1}{\rho_0} = \delta_2. \end{cases}$$

Dans la valeur de Q donnée par l'équation (19), les termes compris entre les grands crochets proviennent des termes des équations complètes (1) qui n'entrent pas dans les équations approchées (2), ainsi qu'on le reconnaît par la comparaison des formules (18) et (21), Chapitre II. En supprimant ces termes, on obtient pour Q une valeur que M. Bresse appelle *partie principale de la poussée*, savoir

$$(29) \qquad Q_1 = -A' + A'\frac{\delta_2}{\delta} + B'\frac{\delta_2 - \dfrac{\delta_1}{2}}{\delta}.$$

36. Il nous reste à obtenir la valeur de L. Pour cela, il faut introduire dans l'équation (23) (n° **32**) la valeur (16) de m_0, remplacer M''_α par sa valeur (12) (n° **35**), P par sa valeur (10), Q par sa valeur (19) mise sous la forme

$$(30) \qquad Q = - A' + D,$$

la lettre D désignant une quantité toujours petite en valeur absolue par rapport à A', enfin ρ_1, ρ_2 et ρ' par leurs valeurs données par les deux premières équations (22) et la première équation (25). La valeur de L devient alors

$$(31) \quad
\begin{aligned}
L = {}& - rA'\left[2\left(1 - \cos\alpha\right) - \alpha\sin\alpha\right] \\
& - rB'\left(1 - \cos\alpha + \frac{1 - \cos^2\alpha}{2} - \alpha\sin\alpha\right) \\
& + rD\left(1 - \cos\alpha\right) - rD\frac{\Delta}{\rho_0} + rA'\frac{\Delta'_1}{\rho_0} - rB'\frac{\frac{\Delta'}{2} - \Delta'_1}{\rho_0}.
\end{aligned}$$

Les valeurs numériques des inconnues P, Q, L se calculeront, celle de P avec la formule (10), celle de Q avec les formules (19) ou (29), et celle de L avec la formule (31) ci-dessus.

Toutes les forces extérieures appliquées à la pièce étant maintenant connues, les composantes X, Z données par les formules (a) (n° **32**) et le moment M donné par la formule (b) (n° **26**) seront entièrement déterminés en fonction de ω, car Z' et M', qui entrent dans ces formules, sont des fonctions de ω, déterminées, Z' par les équations (15) et (c) (n° **35**), et M' par les équations (13) et (14) (même numéro). Conservant dans les expressions de X, Z, M les lettres Z'', M'', qui représentent d'une manière abrégée les fonctions de ω qui forment les seconds membres des équations (13) et (15), et désignant par X_α la valeur de X correspondant à $\omega = \alpha$, savoir

$$X_\alpha = Q \cos\alpha + P \sin\alpha,$$

les valeurs de X, Z, M sont

$$(32) \quad \left\{ \begin{aligned} &X = Q \cos\omega - Z'' \sin\omega, \\ &Z = -Q \sin\omega - Z'' \cos\omega, \\ &M = L + M''_\alpha - M'' + rX_\alpha - rX. \end{aligned} \right.$$

On peut démontrer directement sur la *fig.* 8 la dernière
de ces équations. En effet, la partie de voûte comprise
entre les sections KL et DF est en équilibre sous l'action :
1° des forces X, Z et du couple M appliqués négativement
à la section KL, 2° des forces X_α, Z_α et du couple L appliqués à la section DF, et 3° de la force Z' appliquée au
centre de gravité de cette partie de voûte. La somme des
moments de ces couples, ajoutée à la somme des moments
des forces pris par rapport à un point quelconque du
plan, doit être égale à zéro. Si l'on prend ces moments par
rapport au point O, centre de l'arc moyen, ceux des forces
Z et Z_α seront nuls, puisque ces forces passent par le
point O; celui de la force X, prise négativement, sera
$-rX$, et celui de la force X_α sera rX_α; enfin celui de la
force Z' étant égal à la différence des moments de $\dfrac{\Pi}{2}$ et Z''
par rapport au même point aura pour valeur $M''_\alpha - M''$;
ajoutant tous ces moments pour en égaler la somme à zéro,
on obtient l'équation

$$L - M + rX_\alpha - rX + M''_\alpha - M'' = 0,$$

qui n'est autre que la troisième équation (32).

Si l'on remplace dans cette troisième équation L par sa
valeur (31), on obtient pour M une expression qui ne dif-

fère de la valeur de L que par le changement de z en ω. savoir :

$$(33) \quad \begin{cases} \mathrm{M} = - r\mathrm{A}'\left[2(1 - \cos\omega) - \omega\sin\omega\right] \\[2mm] \quad - r\mathrm{B}'\left(1 - \cos\omega + \dfrac{1 - \cos^2\omega}{2} - \omega\sin\omega\right) \\[2mm] \quad + r\mathrm{D}(1 - \cos\omega) - r\mathrm{D}\dfrac{\Delta}{\rho_0} + r\mathrm{A}'\dfrac{\Delta'_1}{\rho_0} - r\mathrm{B}'\dfrac{\frac{1}{2}\Delta' - \Delta'_1}{\rho_0}. \end{cases}$$

En substituant ces valeurs de X, Z, M dans les équations (14) (n° **24**), et remplaçant Ω, I par les valeurs en fonction de ω données par les équations (5), (3) et (4) (n° **33**), on obtiendra les quantités R et R', c'est-à-dire la pression ou traction normale et l'effort tranchant par unité de surface, en fonction de ω et v. La lettre v désigne, comme on se le rappelle, la distance à la fibre moyenne Mm (*fig.* 4) du point de la section normale soumis à l'action des forces R et R'. Pour obtenir les valeurs de R relatives aux points de la pièce situés à l'intrados ou à l'extrados, il faudra faire $v = \varepsilon$ ou $v = -\varepsilon$ dans la première des équations (14). Quant à la valeur de R', elle est constante pour tous les points d'une même section normale.

Détermination de la courbe des pressions.

37. Nous avons vu (n° **24**) que les quantités X et Z étaient les composantes parallèles aux axes mx', mz' (*fig.* 4) de la résultante de toutes les forces extérieures transportées parallèlement à elles-mêmes au centre m de la section normale CD, et M le couple résultant de ce transport. Ce couple et cette résultante appliquée au point m, étant situés dans un même plan, ont évidemment une résultante unique, parallèle à la résultante appliquée au point m,

5.

et dont on trouvera le point d'intersection avec le plan de la section normale CD en écrivant que son moment par rapport au point m est égal à M.

Soit w la distance de ce point d'application au point m, mesurée positivement dans le sens mz'; le moment de la résultante par rapport au point m sera

$$- w\,X$$

et la distance w sera donnée par l'équation

$$w = - \frac{M}{X},$$

qui détermine ainsi les distances de tous les points de la courbe des pressions à la fibre moyenne de la pièce.

38. Pour obtenir les valeurs numériques de Q, L données par les formules (19) et (31), il faut déterminer d'abord celles de ρ_0, Δ, Δ', Δ'', Δ'_1, Δ''_1. Ces six quantités donnent ∂ à l'aide de la première équation (23); ∂_1, ∂_2 à l'aide des équations (28). On peut calculer alors Q_1 à l'aide de l'équation (29), et l'on connaît ainsi la partie principale de la poussée. Si l'on veut calculer les termes complémentaires contenus dans l'équation (19), il faudra déterminer les valeurs numériques de σ_0, σ_2, σ'' et $\sigma'' - \sigma_1 + \sigma_3$. Enfin la valeur de L (31) ne contient plus que des quantités connues, puisque les nombres Δ, Δ', Δ'_1 qui y entrent sont compris dans les six valeurs numériques qui ont servi au calcul de Q.

Calcul des six quantités ρ_0, Δ, Δ', Δ'', Δ'_1, Δ''_1.

39. Les valeurs de Q, L données par les formules (19) et (31) sont homogènes et de degré zéro par rapport aux quantités ρ_0, Δ, .. : donc elles ne changent pas quand on

les multiplie par un même facteur. Nous les multiplierons par $\frac{1}{2}$, ce qui revient à remplacer les intégrales prises depuis $-\alpha$ jusqu'à α par les intégrales prises entre les limites zéro et α, car toutes ces intégrales sont composées d'éléments égaux deux à deux. Ces éléments égaux sont ceux qui correspondent à deux points symétriques tels que m et m' (*fig.* 7). Nous remplacerons donc les quantités ρ_0, Δ, ... par leurs moitiés comprises entre les points J et B (*fig.* 7). et, pour ne pas introduire de nouvelles lettres dans nos calculs, nous supposerons dorénavant que les lettres ρ_0, Δ, ... représentent ces moitiés. Nous aurons ainsi

$$\rho_0 = \int_0^{\alpha} \frac{1}{1}\, d\omega,$$

$$\rho_1 = \int_0^{\alpha} \frac{\cos\omega}{1}\, d\omega,$$

$$\rho_2 = \int_0^{\alpha} \frac{\cos^2\omega}{1}\, d\omega,$$

$$\rho_3 = \int_0^{\alpha} \frac{\cos^3\omega}{1}\, d\omega,$$

$$\rho' = \int_0^{\alpha} \frac{\omega \sin\omega}{1}\, d\omega,$$

$$\rho'' = \int_0^{\alpha} \frac{\omega \sin\omega \cos\omega}{1}\, d\omega.$$

Si l'on introduit ces expressions dans les trois formules (21) et les deux formules (25) (n° 35), et si l'on remarque qu'on a généralement

$$\int_a^b y\, dx - \int_a^b y_1\, dx = \int_a^b (y - y_1)\, dx,$$

on obtiendra le Tableau suivant :

$$(1)\quad\begin{cases}
\rho_0 = \displaystyle\int_0^\alpha \frac{1}{I}\,d\omega, \\[2ex]
\Delta = \displaystyle\int_0^\alpha \frac{1-\cos\omega}{I}\,d\omega, \\[2ex]
\Delta' = \displaystyle\int_0^\alpha \frac{(1-\cos\omega)^2}{I}\,d\omega, \\[2ex]
\Delta'' = \displaystyle\int_0^\alpha \frac{(1-\cos\omega)^3}{I}\,d\omega, \\[2ex]
\Delta'_1 = \displaystyle\int_0^\alpha \frac{2(1-\cos\omega)-\omega\sin\omega}{I}\,d\omega, \\[2ex]
\Delta''_1 = \displaystyle\int_0^\alpha \frac{2(1-\cos\omega)-\omega\sin\omega}{I}(1-\cos\omega)\,d\omega.
\end{cases}$$

Nous allons calculer ces six intégrales, après avoir mis pour I sa valeur en fonction de ω, savoir

$$(2)\qquad I = I_0\left[1 + \frac{\dfrac{c'}{c}-1}{1-\cos\alpha}(1-\cos\omega)\right]^3,$$

dans laquelle la lettre I_0 représente le moment d'inertie de la section de la voûte à la clef, savoir :

$$(3)\qquad I_0 = \tfrac{2}{3}\,L'c^3.$$

La formule (2) résulte immédiatement de la seconde formule (5), combinée avec (3) et (4) (n° **33**).

Posons

$$(4)\qquad \frac{\dfrac{c'}{c}-1}{1-\cos\alpha} = m,$$

et la formule (2) deviendra

$$(c) \qquad I = I_0 \left[1 + m \left(1 - \cos\omega \right) \right]^3.$$

Telle est la valeur de I qui doit entrer dans les six équations (1). La première devient ainsi

$$(5) \qquad \rho_0 = \frac{1}{I_0} \int_0^\pi \frac{1}{\left[1 + m \left(1 - \cos\omega \right) \right]^3} \, d\omega.$$

Nous rendrons la fonction à intégrer algébrique et rationnelle à la fois en posant

$$(6) \qquad \operatorname{tang} \frac{\omega}{2} = x$$

ou, en élevant au carré,

$$\operatorname{tang}^2 \frac{\omega}{2} = x^2.$$

Mais

$$\operatorname{tang}^2 \frac{\omega}{2} = \frac{1 - \cos\omega}{1 + \cos\omega},$$

d'où l'on tire

$$(7) \qquad \cos\omega = \frac{1 - x^2}{1 + x^2}.$$

Différentions l'équation (6), nous aurons

$$dx = \frac{\dfrac{d\omega}{2}}{\cos^2 \dfrac{\omega}{2}} = \frac{d\omega}{1 + \cos\omega};$$

remplaçons dans cette dernière valeur $\cos\omega$ par sa valeur (7). et nous obtiendrons

$$(8) \qquad d\omega = \frac{2\,dx}{1 + x^2}.$$

Les valeurs précédentes de $\cos\omega$ et $d\omega$ étant introduites dans l'équation (5), on obtient

$$\rho_0 = \frac{2}{I_0} \int_0^{x_\alpha} \frac{(1 + x^2)^2}{\left[(1 + 2m)x^2 + 1\right]^3} \, dx.$$

Posons

(d)
$$1 + 2m = a$$

et

(a)
$$x = \frac{y}{\sqrt{a}} :$$

l'équation précédente deviendra

$$\rho_0 = \frac{2}{a^2 \sqrt{a}\, I_0} \int_0^{y_\alpha} \frac{(y^2 + a)^2}{(y^2 + 1)^3} \, dy.$$

La fonction dérivée placée sous le signe $\int$ est une fraction rationnelle qui se décompose de la manière suivante :

$$\frac{(y^2 + a)^2}{(y^2 + 1)^3} = \frac{(a - 1)^2}{(y^2 + 1)^3} + \frac{2(a - 1)}{(y^2 + 1)^2} + \frac{1}{y^2 + 1}.$$

Mais on a, par des formules connues,

$$(9) \quad \begin{cases} \displaystyle \int_0^{y_\alpha} \frac{dy}{y^2 + 1} = \text{arc tang}\, y_\alpha, \\[3mm] \displaystyle \int_0^{y_\alpha} \frac{dy}{(y^2 + 1)^2} = \frac{1}{2} \frac{y_\alpha}{1 + y_\alpha^2} + \frac{1}{2} \text{arc tang}\, y_\alpha, \\[3mm] \displaystyle \int_0^{y_\alpha} \frac{dy}{(y^2 + 1)^3} = \frac{1}{4} \frac{y_\alpha}{(1 + y_\alpha^2)^2} + \frac{3}{8} \frac{y_\alpha}{1 + y_\alpha^2} + \frac{3}{8} \text{arc tang}\, y_\alpha, \end{cases}$$

dans lesquelles y_α désigne la valeur de y, correspondant à $\omega = \alpha$, savoir :

$$(10) \quad y_\alpha = \sqrt{a} \, \text{tang}\, \frac{\alpha}{2}.$$

Désignons par y_1, y_2, y_3 les trois intégrales (9), et nous obtiendrons, pour la valeur de la première des six intégrales (1),

$$(11) \qquad \rho_0 = \frac{2}{a^2 \sqrt{a}\, I_0} \left[(a-1)^2 y_3 + 2(a-1) y_2 + y_1 \right].$$

Pour obtenir la seconde Δ, il faut multiplier la différentielle de la précédente par $1 - \cos\omega$, qui, par suite des équations (7) et (a), est égale à la quantité $\dfrac{2 y^2}{y^2 + a}$.

On aura donc

$$\Delta = \frac{4}{a^2 \sqrt{a}\, I_0} \int_0^{y_\alpha} \frac{y^2 (y^2 + a)}{(y^2 + 1)^3}\, dy.$$

La nouvelle fonction dérivée est une fraction rationnelle qui se décompose ainsi :

$$\frac{y^2 (y^2 + a)}{(y^2 + 1)^3} = - \frac{a-1}{(y^2 + 1)^3} + \frac{a-2}{(y^2 + 1)^2} + \frac{1}{y^2 + 1}.$$

Multipliant par dy et intégrant, on obtient, pour la seconde des intégrales (1),

$$\Delta = \frac{4}{a^2 \sqrt{a}\, I_0} \left[-(a-1) y_3 + (a-2) y_2 + y_1 \right].$$

Pour obtenir la troisième intégrale Δ', il faut multiplier de nouveau par $1 - \cos\omega = \dfrac{2 y^2}{y^2 + a}$, ce qui donne

$$\Delta' = \frac{8}{I_0\, a^2 \sqrt{a}} \int_0^{y_\alpha} \frac{y^4}{(y^2 + 1)^3}\, dy.$$

La décomposition de la nouvelle fonction dérivée donne

$$\frac{y^4}{(y^2 + 1)^3} = \frac{1}{(y^2 + 1)^3} - \frac{2}{(y^2 + 1)^2} + \frac{1}{y^2 + 1}.$$

Multipliant par dy et intégrant de zéro à z, on obtient, pour la troisième intégrale Δ',

$$(12) \qquad \Delta' = \frac{8}{a^2 \sqrt{a}\, I_0} \left(y_3 - 2 y_2 + y_1 \right).$$

En multipliant de nouveau par $1 - \cos\omega = \dfrac{2 y^2}{y^2 + a}$, la dérivée à intégrer donne, par la décomposition en fractions simples,

$$\frac{y^6}{(y^2 + a)(y^2 + 1)^3} = - \frac{1}{(a-1)(y^2+1)^3} + \frac{3a - 2}{(a-1)^2(y^2+1)^2}$$
$$- \frac{3a^2 - 3a + 1}{(a-1)^3(y^2+1)} + \frac{a^3}{(a-1)^3(y^2+a)}.$$

Multipliant par dy et intégrant, on obtient, en remarquant que $\displaystyle\int_0^{y_a} \frac{dy}{y^2 + a} = \frac{\alpha}{2\sqrt{a}}$,

$$(13) \quad \left\{ \begin{aligned} \Delta'' = \frac{16}{a^2 \sqrt{a}\, I_0} &\left[- \frac{1}{a-1} y_3 + \frac{3a - 2}{(a-1)^2} y_2 \right. \\ &\left. - \frac{3a^2 - 3a + 1}{(a-1)^3} \gamma_1 \right] + \frac{8\alpha}{(a-1)^3 I_0}. \end{aligned} \right.$$

Pour obtenir la valeur de la cinquième intégrale Δ'_1, il faut multiplier la dérivée de la première par la valeur de $2(1 - \cos\omega) - \omega\sin\omega$ en fonction de y, savoir

$$(14) \qquad \frac{4 y^2}{y^2 + a} \left(\tfrac{1}{3} a' y^2 - \tfrac{1}{5} a'^2 y^4 + \tfrac{1}{7} a'^3 y^6 - \ldots \right),$$

expression à laquelle on parvient en développant l'arc $\dfrac{\omega}{2}$ en fonction de sa tangente x par la série suivante,

$$\frac{\omega}{2} = x - \tfrac{1}{3} x^3 + \tfrac{1}{5} x^5 - \tfrac{1}{7} x^7 + \ldots,$$

et en désignant par a' l'inverse de la quantité a, en sorte
que l'on a la relation

$$aa' = 1.$$

En se bornant aux trois premiers termes de l'expression
(14), ce qui sera presque toujours suffisant à cause de la
petitesse de la valeur de $x^2 = a'y^2$, l'intégrale Δ'_1 devient

$$\Delta'_1 = \frac{8}{a^2 \sqrt{a}\, I_0} \int_0^\alpha \frac{y^2(y^2 + a)}{(y^2 + 1)^3}\left(\tfrac{1}{3} a'y^2 - \tfrac{1}{5} a'^2 y^4 + \tfrac{1}{7} a'^3 y^6\right) dy.$$

La décomposition de cette fonction donne le résultat
suivant :

$$\left(\tfrac{1}{3} - \tfrac{2}{15} a' - \tfrac{2}{35} a'^2\right) \frac{1}{(y^2 + 1)^3} - \left(\tfrac{2}{3} - \tfrac{6}{15} a' - \tfrac{8}{35} a'^2\right) \frac{1}{(y^2 + 1)^2}$$

$$+ \left(\tfrac{1}{3} - \tfrac{6}{15} a' - \tfrac{12}{35} a'^2\right) \frac{1}{y^2 + 1} + \tfrac{2}{15} a'$$

$$+ \tfrac{8}{35} a'^2 - \tfrac{2}{35} a'^2 (y^2 + 1).$$

Multipliant par dy, intégrant et tenant compte des résultats suivants :

$$\int_0^{y_\alpha} dy = \sqrt{a}\, \operatorname{tang} \frac{z}{2} = y_\alpha,$$

$$\int_0^{y_\alpha} y^2\, dy = \tfrac{1}{3} y_\alpha^3.$$

on obtient, pour la valeur de Δ'_1.

$$(15) \quad \left\{ \begin{aligned}
\Delta'_1 = \frac{8}{a^2 \sqrt{a}\, I_0} \Big[&\left(\tfrac{1}{3} - \tfrac{2}{15} a' - \tfrac{2}{35} a'^2\right) y_3 \\
& - \left(\tfrac{2}{3} - \tfrac{6}{15} a' - \tfrac{8}{35} a'^2\right) y_2 \\
& + \left(\tfrac{1}{3} - \tfrac{6}{15} a' - \tfrac{12}{35} a'^2\right) y_1 \\
& + \left(\tfrac{2}{15} a' + \tfrac{6}{35} a'^2\right) y_\alpha - \tfrac{2}{105} a'^2 y_\alpha^3 \Big].
\end{aligned} \right.$$

La valeur de la sixième des intégrales (1) s'obtiendra en
multipliant la fonction précédente de y par $\dfrac{2y^2}{y^2 + a}$, ce qui

donnera

$$\Delta''_1 = \frac{16}{a^2\sqrt{a}\,\mathrm{I}_0} \int_0^{y_\alpha} \frac{y^4}{(y^2+1)^3}\left(\tfrac{1}{3}a'y^2 - \tfrac{1}{5}a'^2y^4 + \tfrac{1}{7}a'^3y^6\right)dy.$$

Effectuant la décomposition de cette nouvelle fonction dérivée et intégrant, on obtient

$$(16)\quad
\begin{aligned}
\Delta''_1 = \frac{16}{a^2\sqrt{a}\,\mathrm{I}_0}\Big[&-\left(\tfrac{1}{3}a' + \tfrac{1}{5}a'^2 + \tfrac{1}{7}a'^3\right)y_3 \\
&+ \left(a' + \tfrac{4}{5}a'^2 + \tfrac{3}{7}a'^3\right)y_2 \\
&- \left(a' + \tfrac{6}{5}a'^2 + \tfrac{10}{7}a'^3\right)y_1 \\
&+ \left(\tfrac{1}{3}a' + \tfrac{3}{5}a'^2 + \tfrac{6}{7}a'^3\right)y_\alpha \\
&- \left(\tfrac{1}{15}a'^2 + \tfrac{3}{21}a'^3\right)y_\alpha^3 + \tfrac{1}{35}a'^3 y_\alpha^5 \Big].
\end{aligned}$$

Calcul des quatre quantités σ_0, σ_2, σ'' et $\sigma'' - \sigma_1 + \sigma_3$ qui servent au calcul des termes complémentaires de la valeur de Q donnée par l'équation (19).

40. Par le motif indiqué au n° 39, nous supposerons que les lettres σ_0, σ_1, ... représentent les moitiés des intégrales désignées jusqu'ici par ces lettres; on aura donc

$$(17)\qquad \sigma_0 = \int_0^\alpha \frac{1}{\Omega}\,d\omega,$$

$$(a)\qquad \sigma_1 = \int_0^\alpha \frac{\cos\omega}{\Omega}\,d\omega,$$

$$(18)\qquad \sigma_2 = \int_0^\alpha \frac{\cos^2\omega}{\Omega}\,d\omega,$$

$$(b)\qquad \sigma_3 = \int_0^\alpha \frac{\cos^3\omega}{\Omega}\,d\omega,$$

$$(19)\qquad \sigma'' = \int_0^\alpha \frac{\omega\sin\omega\cos\omega}{\Omega}\,d\omega.$$

Il faut effectuer les intégrations indiquées par les équations (17), (18) et (19) pour obtenir les trois premières des quantités cherchées. En désignant la quatrième par σ_4, on déduit des formules qui précèdent (19), (a) et (b)

$$(20) \qquad \sigma_4 = \int_0^\alpha \frac{(\omega \sin\omega - \sin^2\omega) \cos\omega}{\Omega}\, d\omega.$$

Cherchons d'abord la valeur de σ_0. Mettons pour cela à la place de Ω sa valeur en fonction de ω. L'aire de la section à la clef étant représentée par Ω_0, cette valeur est

$$(21) \qquad \Omega = \Omega_0 \left[1 + m\left(1 - \cos\omega\right)\right],$$

celle de Ω_0 étant

$$(22) \qquad \Omega_0 = 2 L'e.$$

Introduisons les mêmes variables auxiliaires x et y que dans les calculs précédents, et nous obtiendrons, pour la valeur de σ_0,

$$(23) \qquad \sigma_0 = \frac{2}{\sqrt{a}\, \Omega_0} \int_0^{y_a} \frac{dy}{1 + y^2} = \frac{2 y_1}{\sqrt{a}\, \Omega_0}.$$

Pour obtenir la valeur de σ_2, formule (18), il faut multiplier la différentielle précédente par $\cos^2\omega$, c'est-à-dire par $\left(\dfrac{1 - a'y^2}{1 + a'y^2}\right)^2$. Nous avons déjà vu que $a'y^2$ est généralement très-petit, et, comme les termes en σ_0, σ_2, ... sont eux-mêmes petits par rapport aux termes de la valeur principale de la poussée, on pourra négliger dans l'expression précédente les puissances de $a'y^2$ supérieures à la première, ce qui la réduira à $1 - 4a'y^2$. La valeur de σ_2 sera ainsi

$$\sigma_2 = \frac{2}{\sqrt{a}\, \Omega_0} \int_0^{y_a} \frac{1 - 4a'y^2}{y^2 + 1}\, dy.$$

Effectuons la division du numérateur par le dénominateur, ce qui donnera un quotient et un reste indépendants
de y, en sorte que l'on aura

$$\frac{1 - 4a'y^2}{y^2 + 1} = - 4a' + \frac{1 + 4a'}{y^2 + 1}.$$

La valeur de σ_2 sera donc

$$(24) \qquad \sigma_2 = \frac{2}{\sqrt{a\,\Omega_0}} \left[(1 + 4a')y_1 - 4a'y_\alpha \right].$$

La valeur de l'intégrale σ'', formule (19), s'obtiendra en
multipliant la différentielle $\dfrac{dy}{y^2 + 1}$ par $\omega \sin\omega \cos\omega$, c'est-
à-dire par $\dfrac{4a'^2}{1 + a'^2}(1 - 2a'y^2)$. On aura donc

$$\sigma'' = \frac{2}{\sqrt{a\,\Omega_0}} \int_{y_0}^{y_\alpha} \frac{4a'y^2(1 - 2a'y^2)}{(1 + a'y^2)(y^2 + 1)}\, dy.$$

En négligeant les puissances de $a'y^2$ supérieures à la
première, on obtient

$$\frac{4a'y^2(1 - 2a'y^2)}{(1 + a'y^2)(y^2 + 1)} = 4a' - \frac{4a'^2}{y^2 + 1}.$$

Multipliant par dy et intégrant, la valeur de σ'' devient

$$(25) \qquad \sigma'' = \frac{8}{a\sqrt{a\,\Omega_0}}(y_\alpha - y_1).$$

Pour obtenir la valeur de la quatrième intégrale σ_4, formule (20), il faut multiplier la différentielle $\dfrac{dy}{y^2 + 1}$ par
$(\omega - \sin\omega)\sin\omega\cos\omega$. Cette fonction de ω est égale à
$\omega\sin\omega\cos\omega$ multiplié par $1 - \dfrac{\sin\omega}{\omega}$, qui se réduit à $\frac{2}{3}a'y'^2$

quand on néglige les puissances de $a'y^2$ supérieures à la première, et l'on obtient pour σ_1

$$(26) \qquad \sigma_1 = \frac{16}{3\,a^2\,\sqrt{a}\,\Omega_0}\,\left(\tfrac{1}{3}\,y_a^3 - y_a + y_1\right).$$

ARTICLE II.

VOUTES D'ÉPAISSEUR CONSTANTE.

41. Pour résoudre ce nouveau problème, il suffira de faire

$$e' = e$$

dans les calculs de l'article précédent. Les formules (4) (n° **33**) se réduiront à $a = e$, $b = 0$, et la formule (3) à

$$z = e.$$

Les formules (1) et (2), qui donnent le rayon de l'arc moyen et le demi-angle au centre, deviendront

$$(1) \qquad \begin{cases} \operatorname{tang} \dfrac{\alpha}{2} = \dfrac{f'}{l'}, \\[2mm] r = \dfrac{l'}{\sin\alpha} + e. \end{cases}$$

Les formules (5) donneront, pour l'aire et le moment d'inertie de la section constante,

$$(2) \qquad \begin{cases} \Omega = 2\,\mathrm{L}'e, \\[1mm] \mathrm{I} = \tfrac{2}{3}\,\mathrm{L}'e^3. \end{cases}$$

Ces quantités étant constantes, les intégrales des n°⁵ **39** et **40** s'obtiendront immédiatement par des formules connues, relatives à l'intégration des fonctions circulaires.

Au moyen de ces formules, les six intégrales (1) (n° 39) seront

$$\rho_0 = \frac{\alpha}{I},$$

$$\Delta = \frac{\alpha - \sin\alpha}{I},$$

$$\Delta' = \frac{6\alpha - 8\sin\alpha + \sin 2\alpha}{4I},$$

$$\Delta'' = \frac{30\alpha - 45\sin\alpha + 9\sin 2\alpha - \sin 3\alpha}{12I},$$

$$\Delta'_1 = \frac{2\alpha - 3\sin\alpha + \alpha\cos\alpha}{I},$$

$$\Delta''_1 = \frac{24\alpha - 32\sin\alpha + 3\sin 2\alpha + 2\alpha\cos 2\alpha}{8I}.$$

En développant les lignes trigonométriques suivant les puissances croissantes de l'arc, ces valeurs deviennent

$$\rho_0 = \frac{\alpha}{I},$$

$$\Delta = \frac{1}{I}\left(\frac{\alpha^3}{6} - \frac{\alpha^5}{2^3.3.5} + \frac{\alpha^7}{2^4.3^2.5.7} - \frac{\alpha^9}{2^7.3^4.5.7} + \dots\right),$$

$$\Delta' = \frac{1}{I}\left(\frac{\alpha^5}{2^2.5} - \frac{\alpha^7}{2^3.3.7} + \frac{\alpha^9}{2^6.3^2.5} - \frac{17\alpha^{11}}{2^7.3^3.5.7.11} + \frac{31\alpha^{13}}{2^9.3^4.5^2.7.13} - \dots\right)$$

$$\Delta'' = \frac{1}{I}\left(\frac{\alpha^7}{2^3.7} - \frac{\alpha^9}{2^5.3^2} + \frac{7\alpha^{11}}{2^7.3^3.5.11} - \frac{\alpha^{13}}{2^2.3.5.7.13} + \dots\right),$$

$$\Delta'_1 = \frac{1}{I}\left(\frac{\alpha^5}{60} - \frac{\alpha^7}{2^2.3^2.5.7} + \frac{\alpha^9}{2^6.3^3.5.7} - \frac{\alpha^{11}}{2^5.3^4.5^2.7.11} + \frac{\alpha^{13}}{2^9.3^5.5.7.11.13} - \dots\right)$$

$$\Delta''_1 = \frac{1}{I}\left(\frac{\alpha^7}{2^3.3.7} - \frac{\alpha^9}{2^5.3^2.5} + \frac{17\alpha^{11}}{2^7.3^2.5.7.11} - \frac{31\alpha^{13}}{2^7.3^4.5^2.7.13} + \dots\right).$$

Si l'on avait développé les fonctions dérivées dont ρ_0, Δ, ... formules (1) (n° 39), sont les intégrales suivant les puissances croissantes de l'arc ω, on aurait obtenu, après avoir multiplié par $d\omega$ et intégré depuis zéro jusqu'à α, des valeurs identiques aux précédentes.

Ces formules (3) permettront de calculer la valeur numérique de ρ_0, Δ, ... lorsqu'on connaîtra celle de α donnée en fonction de l'ouverture de la voûte $2l'$ et de la flèche de l'arc d'intrados f' par la première des équations (1). Mais, afin de diminuer le nombre des opérations à effectuer pour obtenir la valeur de Q, nous introduirons les valeurs algébriques de ρ_0, Δ, ..., dans la première des équations (23) et dans les deux équations (28) du n° 35, et nous obtiendrons pour les quantités δ, δ_1, δ_2 les valeurs suivantes :

$$\left\{ \begin{aligned}
\delta &= \frac{1}{I}\left(\frac{\alpha^5}{3^2.5} - \frac{\alpha^7}{3^2.5.7} + \frac{\alpha^9}{3^3.5^2.7} - \frac{4\,\alpha^{11}}{3^3.5^2.7.11} + \dots \right), \\[2mm]
\delta_1 &= \frac{1}{I}\left(\frac{\alpha^7}{3.5.7} - \frac{13\alpha^9}{2^3.3^2.5^2.7} + \frac{89\,\alpha^{11}}{2^4.3^3.5^2.7.11} - \frac{12721\,\alpha^{13}}{2^7.3^4.5^2.7^2.11.13} + \dots \right), \\[2mm]
\delta_2 &= \frac{1}{I}\left(\frac{\alpha^7}{3^2.5.7} - \frac{2\,\alpha^9}{3^3.5^2.7} + \frac{4\,\alpha^{11}}{3^4.5^2.7.11} - \frac{8\,\alpha^{13}}{3^3.5.7^2.11.13} + \dots \right).
\end{aligned} \right.$$

Les résultats obtenus à l'aide de ces formules pour les valeurs numériques de δ, δ_1, δ_2 devraient être introduits dans la formule (29) du n° 35 ; mais nous diminuerons encore le nombre des opérations arithmétiques à effectuer en écrivant cette équation (29) sous la forme suivante :

$$(a) \qquad\qquad Q_1 = -A' + q_1 A' - q_2 B',$$

les lettres q_1 et q_2 ayant les valeurs algébriques suivantes :

$$\left\{ \begin{aligned}
q_1 &= \frac{\alpha^2}{7} + \frac{\alpha^4}{3.5.7^2} - \frac{2\,\alpha^6}{3^2.5.7^3.11} - \frac{151\alpha^8}{3^2.5^2.7^4.11.13} + \dots, \\[2mm]
q_2 &= \frac{\alpha^2}{14} - \frac{101\,\alpha^4}{2^3.3.5.7^2} + \frac{1433\,\alpha^6}{2^4.3^2.5.7^3.11} - \frac{63919\,\alpha^8}{2^7.3^2.5^2.7^4.11.13} + \dots.
\end{aligned} \right.$$

En introduisant la quantité Q_1 dans l'équation (19) du n° 35, qui donne la valeur complète de Q, cette équation deviendra, après avoir divisé par δ le numérateur et le dénominateur, δ étant ici deux fois moindre que dans (19),

$$(6) \qquad Q = \frac{Q_1 - \dfrac{1}{r^2}\left(\dfrac{E}{G} - 1\right)\left(A'\,\dfrac{\tau''}{\delta} + B'\,\dfrac{\sigma_4}{\delta}\right) - \dfrac{E\tau\sin\alpha}{r^2}}{1 + \dfrac{1}{r^2}\left[\dfrac{E}{G}\dfrac{\sigma_0}{\delta} - \left(\dfrac{E}{G} - 1\right)\dfrac{\sigma_2}{\delta}\right]}.$$

Dans le cas actuel, la section Ω et le moment d'inertie I de cette section étant constants, les quantités σ_0, σ_2, ... sont proportionnelles aux quantités ρ_0. .... et l'on a

$$(7)\qquad\begin{cases} \sigma_0 = \dfrac{I}{\Omega}\,\rho_0, \\[1.2em] \sigma_2 = \dfrac{I}{\Omega}\,\rho_2, \\[1.2em] \sigma'' = \dfrac{I}{\Omega}\,\rho'', \\[1.2em] \sigma_4 = \dfrac{I}{\Omega}\left(\rho'' - \rho_1 + \rho_3\right); \end{cases}$$

le rapport $\dfrac{I}{\Omega}$ est le carré du rayon de gyration et est égal à $\dfrac{c^2}{3}$.

On ne possède encore qu'un petit nombre d'expériences sur la valeur du rapport des coefficients d'élasticité longitudinale E et de torsion G. Celles qui ont été faites jusqu'à ce jour conduisent à lui assigner une valeur peu différente du nombre 3. Introduisons cette valeur dans les équations (7). Mettons dans l'équation (6) les valeurs correspondantes de σ_0. ... et représentons par q_3, q_4, q_5 les quantités

$$(8)\qquad\begin{cases} \dfrac{\rho''}{\delta} = q_3, \\[1.4em] \dfrac{\rho'' + \rho_1 - \rho_3}{\delta} = q_4, \\[1.4em] \dfrac{\rho_0 - \frac{2}{3}\rho_2}{\delta} = q_5; \end{cases}$$

la valeur de Q, donnée par l'équation (6), deviendra

$$(9) \qquad Q = \frac{Q_1 - \frac{2}{3}\frac{c^2}{r^2}\left(q_3 A' + q_4 B'\right) - E\tau \sin\alpha \,\frac{1}{r^2\rho}}{1 + \frac{c^2}{r^2}q_3}.$$

Telle est la formule qui donnera la valeur de Q dans le cas où l'épaisseur de la voûte est constante. La valeur de L sera donnée par la formule (31) du n° **36**, dans laquelle on mettra pour ρ_0, Δ, Δ', Δ'_1 les valeurs déduites des formules (3). En posant

$$(b)\ \begin{cases} m_1 = 1 - \cos\alpha, \\[4pt] m_3 = 2\left(1 - \cos\alpha\right) - \alpha\sin\alpha, \\[4pt] m_4 = \alpha\sin\alpha - 1 + \cos\alpha - \dfrac{1 - \cos^2\alpha}{2} = \alpha\sin\alpha - \dfrac{\left(1 - \cos\alpha\right)^2}{2}, \\[4pt] l_1 = \dfrac{\Delta}{\rho_0}, \\[4pt] l_2 = \dfrac{\Delta'_1}{\rho_0}, \\[4pt] l_3 = \dfrac{\frac{1}{2}\Delta' - \Delta'_1}{\rho_0}, \end{cases}$$

la valeur de L peut s'écrire

$$(10)\quad L = m_1 r D - m_3 r A' + m_4 r B' - l_1 r D + l_2 r A' - l_3 r B'.$$

TABLES NUMÉRIQUES.

OBSERVATIONS SUR LA DISPOSITION DE CES TABLES.

Table I pour le calcul de P et Z″.

42. La valeur de P est donnée par l'équation (10) du n° **34**. La quantité Z'', résultante des charges totales comprises entre la section à la clef et une section quelconque faisant un angle ω avec la première, est donnée par la formule (15), qu'on déduit de la précédente en changeant les signes et en remplaçant α par ω. En désignant par p_1 les valeurs de ω, par p_2 celles de $\omega - \sin\omega$, la valeur de Z'' peut s'écrire

$$Z'' = p_1 A' + p_2 B'.$$

La Table I ci-après contient les valeurs de p_1 et p_2, calculées de degré en degré, depuis 1° jusqu'à 60°. L'angle de 60° a été pris pour limite de la Table, parce qu'il peut être considéré comme la plus grande valeur que puisse atteindre dans une voûte le demi-angle au centre α. Les parties pour lesquelles ω aurait une valeur plus grande, abstraction faite du signe, peuvent être considérées comme faisant corps avec les piles ou les culées.

Les valeurs de Z'' doivent être calculées pour un certain nombre de valeurs de ω comprises entre zéro et α, pour être introduites dans les deux premières formules (32) du n° **36**.

Table II pour le calcul de M_α''.

43. La quantité M_α'' est le moment du poids $\dfrac{\Pi}{2}$ de la moitié de la construction par rapport au sommet de la voûte. Cette quantité est donnée par l'équation (12) du n° 35. Nous avons désigné plus haut par la lettre m_1 la quantité $1 - \cos\alpha$, et, si l'on pose

$$(c) \qquad m_2 = 1 - \cos\alpha - \frac{1 - \cos^2\alpha}{2} = \frac{(1 - \cos\alpha)^2}{2},$$

la valeur de M_α'' sera

$$M_\alpha'' = m_1 \, r A' + m_2 \, r B'.$$

La Table II contient les valeurs de m_1 et m_2, calculées de degré en degré, de 1° à 60°.

Lorsqu'on aura obtenu la valeur numérique de M_α'', on pourra calculer la distance g du centre de gravité de la moitié de la construction à la verticale du sommet de la voûte, et cette distance g permettra de calculer rapidement deux limites de la poussée Q et ensuite deux limites du moment L, comme on le verra bientôt.

Table III pour le calcul de Q.

44. Les quantités q_1, q_2, q_3, q_4, q_5 qui entrent implicitement dans la formule (19) du n° 35, et dont les deux premières entrent explicitement dans la quantité Q_1, donnée par la formule (a) du n° 41, sont contenues dans la Table III. Elles ont été calculées de degré en degré à l'aide des formules (5) et (8), même numéro, depuis 11° jusqu'à 60°. Nous avons fait remarquer plus haut que la valeur de α ne dépasse pas 60°. D'un autre côté, cette valeur n'est jamais inférieure à 10°. L'angle $\alpha = 10°$ correspond, en effet, à un arc de voûte dans lequel le rapport de la flèche à la corde est égal à 0,0437; or, les voûtes n'atteignant jamais un aussi grand surbaissement, il était inutile d'introduire dans les Tables des valeurs de q_1, q_2, ..., correspondant à des valeurs de ω inférieures à la limite que nous venons d'indiquer.

Table IV pour le calcul de L *et de* M.

45. La valeur de L, donnée par la formule (10) du n° **41**, contient six coefficients m_1, m_3. m_4, l_1, l_2, l_3, dont les valeurs sont indiquées par les formules (b). La Table II contient les valeurs du premier de ces coefficients; les cinq autres sont donnés par la Table IV, calculée à l'aide du développement en série de ces cinq quantités, suivant les puissances croissantes de l'arc, savoir :

$$m_3 = \frac{2\alpha^4}{2.3.4} - \frac{4\alpha^6}{2\ldots6} + \frac{6\alpha^8}{2\ldots8} - \ldots,$$

$$m_4 = \frac{\alpha^4}{2.3.4} - \frac{11\alpha^6}{2^4.3^2.5} + \frac{19\alpha^8}{2^7.3.5.7} - \ldots,$$

$$l_1 = \frac{\alpha^2}{6} - \frac{\alpha^4}{2\ldots5} + \frac{\alpha^6}{2\ldots7} - \frac{\alpha^8}{2\ldots9} + \ldots,$$

$$l_2 = \frac{2\alpha^4}{2\ldots5} - \frac{4\alpha^6}{2\ldots7} + \frac{6\alpha^8}{2\ldots9} - \frac{8\alpha^{10}}{2\ldots11} + \ldots,$$

$$l_3 = \frac{\alpha^4}{120} - \frac{11\alpha^6}{2^4.3^2.5.7} + \frac{19\alpha^8}{2^7.3^3.5.7} + \ldots.$$

La valeur de M, donnée par la formule (33) du n° **36**, qui ne diffère de la formule (31), donnant la valeur de L (même numéro), que par le changement de α en ω, se calculera au moyen de la même Table. A cet effet, la partie de cette Table qui contient les valeurs de m_3 et m_4 commence à l'arc d'un degré pour pouvoir faire connaître les valeurs de M correspondant à toutes les valeurs de ω comprises entre zéro et α. Les différences Δm_3, Δm_4 relatives aux dix premières valeurs de ω n'ont pas été inscrites dans la Table. Ces différences ne sont pas proportionnelles aux différences des arcs; on évitera d'ailleurs d'y avoir recours, en ne donnant à ω que des valeurs représentées par des nombres entiers de degrés.

Table V pour le calcul du terme de Q, relatif à la température. (Voir aussi le n° 70 à la fin du présent Livre.)

46. Ce terme est $- E \dfrac{\tau \sin \alpha}{r^2 \eth}$ [*voir* l'équation (9) ci-dessus]. La quantité $\eth$ est déterminée en fonction de α par la première des équations (4). En désignant par $\eth_0$ la série entre parenthèses, on a

$$\eth = \frac{\eth_0}{I},$$

et le terme en question devient $- EI \dfrac{\tau \sin \alpha}{r^2 \eth_0}$ ou $- EI \dfrac{\tau}{r^2} t$.

La table V contient les valeurs de t pour toutes les valeurs de α comprises entre $11°$ et $60°$.

TABLE I pour le calcul de P et d'un certain nombre de valeurs de Z″.

Voir les n°s 34 et 35, formules (10) et (15).

ω	p_1	Δp_1	p_2	Δp_2	ω	p_1	Δp_1	p_2	Δp_2
1	0,01745	1746	0,0000089	620	31	0,54105	1746	0,0260	26
2	0,03491		0,0000709	1681	32	0,55851		0,0286	27
3	0,05236		0,0002390	3280	33	0,57596		0,0313	29
4	0,06981		0,0005670	5400	34	0,59341		0,0342	31
5	0,08727		0,0011070	8060	35	0,61087		0,0373	32
6	0,10472		0,000191	113	36	0,62832		0,0405	35
7	0,12217		0,000304	149	37	0,64577		0,0440	36
8	0,13963		0,000453	192	38	0,66323		0,0476	38
9	0,15708		0,000645	240	39	0,68068		0,0514	39
10	0,17453		0,000885	295	40	0,69814		0,0553	43
11	0,19199	Différence constante.	0,00118	35	41	0,71558	Différence constante.	0,0596	43
12	0,20944		0,00153	41	42	0,73304		0,0639	46
13	0,22689		0,00194	48	43	0,75049		0,0685	48
14	0,24435		0,00242	56	44	0,76794		0,0733	50
15	0,26180		0,00298	64	45	0,78540		0,0783	52
16	0,27925		0,00362	71	46	0,80285		0,0835	55
17	0,29671		0,00433	81	47	0,82030		0,0890	56
18	0,31416		0,00514	90	48	0,83776		0,0946	59
19	0,33161		0,00604	101	49	0,85521		0,1005	61
20	0,34907		0,00705	110	50	0,87266		0,1066	64
21	0,36552		0,00815	122	51	0,89012		0,1130	66
22	0,38397		0,00937	132	52	0,90757		0,1196	68
23	0,40143		0,01069	145	53	0,92502		0,1264	71
24	0,41888		0,01214	157	54	0,94248		0,1335	73
25	0,43633		0,01371	170	55	0,95993		0,1408	76
26	0,45379		0,01541	184	56	0,97738		0,1484	78
27	0,47124		0,01725	197	57	0,99484		0,1562	81
28	0,48869		0,01922	212	58	1,01229		0,1643	83
29	0,50615		0,02134	221	59	1,02974		0,1726	86
30	0,52360		0,02355	245	60	1,04720		0,1812	″

TABLE II pour le calcul de M''_α et d'un certain nombre de valeurs de M''.

Voir le n° 35, formules (12) et (13).

ω	m_1	Δm_1	m_2	Δm_2	ω	m_1	Δm_1	m_2	Δm_2
1	0,0001523	4567	0,000000011	175	31	0,14283	912	0,01020	134
2	0,0006090	7620	0,000000186	754	32	0,15195	938	0,01154	148
3	0,0013710	10690	0,000000940	2030	33	0,16133	963	0,01302	159
4	0,0024400	13700	0,000002970	4290	34	0,17096	989	0,01461	175
5	0,0038100	16700	0,000007260	7740	35	0,18085	1013	0,01636	188
6	0,00548	197	0,0000150	129	36	0,19098	1038	0,01824	203
7	0,00745	228	0,0000279	196	37	0,20136	1063	0,02027	220
8	0,00973	258	0,0000475	286	38	0,21199	1086	0,02247	236
9	0,01231	288	0,0000761	399	39	0,22285	1111	0,02483	255
10	0,01519	318	0,0001160	540	40	0,23396	1133	0,02738	270
11	0,01837	348	0,00017	7	41	0,24529	1157	0,03008	291
12	0,02185	378	0,00024	9	42	0,25686	1179	0,03299	310
13	0,02563	407	0,00033	11	43	0,26865	1201	0,03609	330
14	0,02970	437	0,00044	14	44	0,28066	1223	0,03939	350
15	0,03407	467	0,00058	17	45	0,29289	1245	0,04289	373
16	0,03874	496	0,00075	21	46	0,30534	1266	0,04662	394
17	0,04370	524	0,00096	24	47	0,31800	1287	0,05056	418
18	0,04894	554	0,00120	28	48	0,33087	1307	0,05474	441
19	0,05448	583	0,00148	34	49	0,34394	1327	0,05915	465
20	0,06031	611	0,00182	39	50	0,35721	1347	0,06380	490
21	0,06642	640	0,00221	45	51	0,37068	1366	0,06870	516
22	0,07282	668	0,00266	51	52	0,38434	1385	0,07386	542
23	0,07950	695	0,00317	56	53	0,39819	1402	0,07928	568
24	0,08645	724	0,00373	66	54	0,41221	1421	0,08496	596
25	0,09369	752	0,00439	74	55	0,42642	1439	0,09092	624
26	0,10121	778	0,00513	81	56	0,44081	1455	0,09716	654
27	0,10899	806	0,00594	91	57	0,45536	1472	0,10370	680
28	0,11705	833	0,00685	101	58	0,47008	1488	0,11050	710
29	0,12538	859	0,00786	111	59	0,48496	1504	0,11760	740
30	0,13397	886	0,00897	123	60	0,50000	//	0,12500	//

TABLE III pour le calcul de la poussée Q.

z.	q_1.	Δq_1.	q_2.	Δq_2.	q_3.	q_4.	q_5.
11	0,00527	100	0,00261	49	403	1,48	11360
12	0,00627	109	0,00310	53	340	1,48	8136
13	0,00736	117	0,00363	57	288	1,47	5821
14	0,00853	127	0,00420	62	247	1,46	4402
15	0,00980	135	0,00482	65	214	1,46	3340
16	0,01115	144	0,00547	69	188	1,46	2628
17	0,01259	152	0,00616	72	167	1,46	2069
18	0,01410	162	0,00688	77	148	1,45	1664
19	0,01573	170	0,00765	80	133	1,44	1355
20	0,01743	178	0,00845	84	120	1,43	1111
21	0,01921	188	0,00929	87	108	1,43	924
22	0,02109	196	0,01016	90	98	1,42	772
23	0,02305	205	0,01106	94	89	1,41	659
24	0,02510	214	0,01200	98	82	1,41	556
25	0,02724	223	0,01298	100	75	1,40	478
26	0,02947	232	0,01398	104	69	1,39	410
27	0,03179	240	0,01502	106	64	1,38	359
28	0,03419	249	0,01608	109	59	1,37	313
29	0,03668	258	0,01717	112	55	1,36	276
30	0,03926	267	0,01829	115	51	1,35	244
31	0,0419	28	0,0194	12	47	1,34	214
32	0,0447	28	0,0206	12	44	1,33	193
33	0,0475	30	0,0218	12	42	1,32	173
34	0,0505	30	0,0230	13	39	1,31	155
35	0,0535	32	0,0243	12	36	1,30	140

TABLE III (Q). [Suite.]

α.	q_1.	Δq_1.	q_2.	Δq_2.	q_3.	q_4.	q_5.
36	0,0566	32	0,0255	13	34	1,29	124
37	0,0598	33	0,0268	13	32	1,28	115
38	0,0631	34	0,0281	13	30	1,26	105
39	0,0665	35	0,0294	13	29	1,25	96
40	0,0700	36	0,0307	14	27	1,24	88
41	0,0736	36	0,0321	13	26	1,23	81
42	0,0772	37	0,0334	14	24	1,21	74
43	0,0809	38	0,0348	14	23	1,20	68
44	0,0847	39	0,0362	13	22	1,18	63
45	0,0886	40	0,0375	14	21	1,17	59
46	0,0926	41	0,0389	14	20	1,16	55
47	0,0967	42	0,0403	14	19	1,14	51
	0,1009	43	0,0417	14	18	1,13	47
49	0,1052	44	0,0431	13	17	1,12	44
50	0,1096	44	0,0444	14	16	1,11	42
51	0,1140	46	0,0458	14	15	1,10	39
52	0,1186	46	0,0472	14	15	1,09	37
53	0,1232	48	0,0486	14	14	1,07	34
54	0,1280	48	0,0500	13	13	1,05	32
55	0,1328	49	0,0513	13	13	1,03	31
56	0,1377	50	0,0526	13	12	1,01	29
57	0,1427	51	0,0539	13	11	0,98	27
58	0,1478	52	0,0552	13	11	0,97	26
59	0,1530	53	0,0565	12	10	0,96	24
60	0,1583	//	0,0577	//	10	0,95	23

TABLE IV pour le calcul de L et d'un certain nombre de valeurs de M.

ω	m_3	Δm_3	m_4	Δm_4	l_1	Δl_1	l_2	Δl_2	l_3	Δl_3
1	0,0000000077	//	0,0000000039	//	//	//	//	//	//	//
2	0,0000001237	//	0,0000000618	//	//	//	//	//	//	//
3	0,0000006263	//	0,0000003130	//	//	//	//	//	//	//
4	0,0000019790	//	0,0000009883	//	//	//	//	//	//	//
5	0,0000047430	//	0,0000023660	//	//	//	//	//	//	//
6	0,0000100	//	0,0000050	//	//	//	//	//	//	//
7	0,0000186	//	0,0000092	//	//	//	//	//	//	//
8	0,0000316	//	0,0000157	//	//	//	//	//	//	//
9	0,0000507	//	0,0000251	//	//	//	//	//	//	//
10	0,0000772	//	0,0000382	//	//	//	//	//	//	//
11	0,0001129	469	0,0000559	230	0,00611	116	0,0000226	83	0,0000112	12
12	0,0001598	602	0,0000789	294	0,00728	127	0,0000309	133	0,0000153	13
13	0,0002200	759	0,0001083	369	0,00855	137	0,0000441	151	0,0000214	14
14	0,0002959	937	0,0001452	455	0,00992	145	0,0000592	198	0,0000292	15
15	0,0003896	1145	0,0001907	554	0,01137	158	0,0000780	230	0,0000371	16
16	0,000504	142	0,0002416	67	0,01295	165	0,0001010	276	0,0000497	14
17	0,000646	160	0,000313	78	0,01460	175	0,0001286	330	0,0000638	15
18	0,000806	194	0,000391	94	0,01635	186	0,0001616	389	0,0000793	18
19	0,001000	227	0,000485	107	0,01821	197	0,0002005	455	0,0000982	22
20	0,001227	264	0,000592	123	0,02018	207	0,0002460	529	0,0001203	25
21	0,001491	303	0,000715	143	0,02225	214	0,0002989	609	0,0001454	28
22	0,001794	347	0,000858	161	0,02439	226	0,0003598	697	0,0001740	33
23	0,002141	394	0,001019	181	0,02665	235	0,0004295	793	0,0002072	37
24	0,002535	447	0,001200	204	0,02900	243	0,0005088	898	0,0002450	42
25	0,002982	503	0,001404	230	0,03143	257	0,0005986	1014	0,0002872	47
26	0,003485	564	0,001634	253	0,03400	260	0,000700	113	0,000335	5
27	0,004049	628	0,001887	282	0,03660	270	0,000813	127	0,000388	5
28	0,004677	702	0,002169	316	0,03940	280	0,000940	141	0,000446	6
29	0,005379	774	0,002485	339	0,04220	290	0,001081	156	0,000509	7
30	0,006153	847	0,002824	366	0,04510	300	0,001237	171	0,000582	7

TABLE IV (L, M). [Suite.]

.	m_3.	Δm_3.	m_4.	Δm_4.	l_1.	Δl_1.	l_2.	Δl_2.	l_3.	Δl_3.
31	0,00700	94	0,00319	40	0,0481	31	0,001408	189	0,000661	85
32	0,00794	103	0,00359	44	0,0512	32	0,001597	208	0,000746	93
33	0,00897	112	0,00403	46	0,0544	32	0,001805	225	0,000839	102
34	0,01009	122	0,00449	52	0,0576	34	0,002031	248	0,000941	109
35	0,01131	133	0,00501	54	0,0610	35	0,002279	259	0,001050	119
36	0,01264	145	0,00555	61	0,0645	35	0,002548	293	0,001169	127
37	0,01409	157	0,00616	61	0,0680	37	0,002841	327	0,001296	138
38	0,01566	168	0,00677	62	0,0717	38	0,003168	331	0,001434	146
39	0,01734	181	0,00739	73	0,0755	38	0,003499	368	0,001580	157
40	0,01915	196	0,00812	76	0,0793	39	0,003867	398	0,001737	167
41	0,02111	209	0,00888	79	0,0832	40	0,004265	424	0,001904	179
42	0,02320	225	0,00967	82	0,0872	41	0,004689	457	0,002083	189
43	0,02545	239	0,01049	85	0,0913	42	0,005146	488	0,002272	200
44	0,02784	257	0,01135	92	0,0955	42	0,005634	522	0,002472	212
45	0,03041	273	0,01227	97	0,0997	43	0,006156	556	0,002684	224
46	0,0331	29	0,0132	10	0,1040	44	0,00671	59	0,00291	24
47	0,0360	31	0,0142	11	0,1084	45	0,00730	64	0,00315	24
48	0,0391	33	0,0153	10	0,1129	46	0,00794	66	0,00339	26
49	0,0424	35	0,0163	11	0,1175	47	0,00860	72	0,00365	28
50	0,0459	37	0,0174	13	0,1222	47	0,00932	75	0,00393	29
51	0,0496	39	0,0187	11	0,1269	48	0,0101	8	0,00422	30
52	0,0535	42	0,0198	11	0,1317	49	0,0109	8	0,00452	31
53	0,0577	44	0,0209	14	0,1366	50	0,0117	9	0,00483	33
54	0,0621	45	0,0223	12	0,1416	51	0,0126	10	0,00516	34
55	0,0666	48	0,0235	12	0,1467	51	0,0136	10	0,00550	35
56	0,0714	50	0,0247	14	0,1518	52	0,0146	11	0,00585	36
57	0,0765	54	0,0261	14	0,1570	53	0,0157	11	0,00621	38
58	0,0819	56	0,0275	13	0,1623	53	0,0168	11	0,00659	40
59	0,0875	58	0,0288	12	0,1676	54	0,0179	11	0,00699	41
60	0,0933	"	0,0300	"	0,1730	"	0,0190	"	0,00740	"

TABLE V pour le calcul de $EI \dfrac{\tau \sin z}{r^2 \partial_0}$.

Voir, n° 46. $t = \dfrac{45}{\alpha^4} - \dfrac{15}{14\,\alpha^2} - 0{,}20.$

z.	t.	Δt.	z.	t.	Δt.
11	33100	9600	36	286	3o
12	23500	6712	37	256	26
13	16788	4188	38	23o	23
14	12600	3102	39	207	20
15	9498	2108	4o	187	18
16	7390	16oo	41	169	15
17	5790	1178	42	154	14
18	4612	892	43	14o	13
19	3720	694	44	127	11
20	3026	538	45	116	9
21	2488	424	46	107	9
22	2064	339	47	98	8
23	1725	270	48	9o	8
24	1455	219	49	82	6
25	1236	185	5o	76	6
26	1051	142	51	70	5
27	909	125	52	65	5
28	784	103	53	6o	5
29	681	86	54	55	4
3o	595	74	55	51	3
31	521	63	56	48	3
32	458	53	57	45	3
33	405	45	58	42	3
34	36o	4o	59	39	3
35	32o	34	6o	36	//

Observation. — Les Tables III et IV servent, ainsi que la précédente, au calcul de Q et L, quand l'épaisseur e est constante. Les Tables II et III, ainsi que les nombres m_3, m_4 de la Table IV, servent au calcul de P, Z'', M_α'', M'', et par suite à la détermination de X, Z, M, R et R', et de la courbe des pressions dans le cas des voûtes d'épaisseur quelconque (n°s 36 et 37).

ARTICLE III.

DÉTERMINATION DE DEUX LIMITES DE Q ET L.

47. Avant de déterminer les valeurs numériques de Q et L à l'aide des formules et des Tables qui précèdent, il sera bon d'en déterminer rapidement deux limites par la méthode suivante.

Soient

AB (*fig.* 10) le demi-arc moyen;
CD, EF les demi-arcs d'intrados et d'extrados;
KL l'arc limitant la surface proportionnelle au poids de la construction.

Soit G le point d'application de ce poids, dont l'intensité est égale à $\dfrac{\Pi}{2}$ et le moment par rapport au sommet A de l'arc moyen est égal à M_α'' [n°s 34 et 35, formules (a) et (12)].

Soient M le point d'application dans la section normale à la clef de la résultante des forces moléculaires qui sollicitent chacun des éléments plans de cette section; N le point analogue situé dans la section normale DF aux naissances. La demi-construction est en équilibre sous l'action de la force $\dfrac{\Pi}{2}$ appliquée en G suivant la verticale GH, et des deux forces appliquées en M et N. Donc la somme des moments de la force $\dfrac{\Pi}{2}$ et de la résultante en N pris par rapport au point M doit être égale à zéro. Le premier moment est M'' ; le second est égal à $Pp - Qq$, p et q étant les projections horizontale et verticale de la droite MN. On a donc

$$(1) \qquad M''_\alpha + Pp - Qq = 0.$$

Soit g le bras de levier de la force $\dfrac{\Pi}{2}$; le moment M''_α est égal à $\dfrac{\Pi}{2} g$ ou $- Pg$, et, en mettant cette valeur dans l'équation précédente, on en tire

$$(2) \qquad Q = \frac{p - g}{q} P = \frac{g - p}{q} \frac{\Pi}{2}.$$

La quantité $p - g$ est la distance du point N à la verticale GH. En faisant prendre aux points M et N toutes les positions possibles dans les sections CE, DF, le rapport $\dfrac{p - g}{q}$ sera maximum lorsque le point N sera en F et le point M en C, car $p - g$ aura alors la plus grande valeur et q la plus petite valeur possible, en écartant le cas où les points d'application M et N seraient situés en dehors des sections de la voûte. Au contraire, $\dfrac{p - g}{q}$ sera minimum lorsque N sera en D et que le point M sera en E, car alors le numérateur sera le plus petit et le dénominateur le plus grand possible. En désignant par Q' le maximum de Q, Q'' le minimum p', p'' les distances horizontales des points F et D à la verticale du sommet de l'arc ; q' la différence de niveau

des points C et F, q'' celle des points E et D, les deux valeurs
de Q' et Q'' seront

$$(3) \quad \begin{cases} Q' = \dfrac{p' - g}{q'}\, P = \dfrac{l'' - g}{f'' - 2e}\, P, \\[2mm] Q'' = \dfrac{p'' - g}{q''}\, P = \dfrac{l' - g}{f' + 2e}\, P, \end{cases}$$

les quantités g, p', p'', q', q'' qui entrent dans ces formules
se calculant par les équations suivantes :

$$(4) \quad \begin{cases} g = \dfrac{M''_\alpha}{\frac{1}{2} H}, \\[2mm] p' = l' + 2e' \sin\alpha = l'' \; (l'' = \text{demi-corde d'extrados}), \\[1mm] p'' = l', \\[1mm] q' = f' - 2e' \cos\alpha = f'' - 2e \; (f'' = \text{flèche d'extrados}), \\[1mm] q'' = f' + 2e, \end{cases}$$

dont les seconds membres ne contiennent que des quantités connues (n° 33).

48. Pour obtenir deux limites de L, on procédera de la
manière suivante. Les forces P et Q appliquées au point N
(*fig.* 10), étant transportées parallèlement à elles-mêmes
au centre B de la section, donnent naissance au couple L.
La demi-construction est alors en équilibre sous l'action
de la force GH appliquée en G, de la résultante en M des
deux forces P et Q appliquées au centre B et du couple L.
La somme des moments des forces par rapport à un point
quelconque, ajoutée au moment du couple L, est donc égale
à zéro.

En prenant les moments par rapport au point M, on aura
donc

$$M''_\alpha + L + P p_1 - Q q_1 = 0,$$

dans laquelle p_1, q_1 sont les bras de levier de P et Q ou les projections horizontale et verticale de la droite MB. **En** remplaçant Q par sa valeur (2) et M''_α par $- Pg$, l'équation précédente donne

$$(5) \qquad L = P \left[\frac{q_1}{q} (p - g) - p_1 + g \right].$$

Ici le point B est fixe et p_1 est constant. Les trois autres quantités p, q, q_1 sont variables.

Lorsque le point M est en C, la valeur de q_1 est minimum et égale à $f' - c' \cos\alpha$. Si en même temps le point N est en D, q, projection verticale de la droite CN, a la plus grande valeur, et p, projection horizontale de la même droite, la plus petite valeur possible; donc la valeur correspondante de L est minimum. Nous la désignerons par L_0 et nous aurons

$$(6) \qquad L_0 = - Pc' \left(\sin\alpha + \frac{l' - g}{f'} \cos\alpha \right).$$

La valeur maximum de q_1 a lieu lorsque le point M est en E; cette valeur est $f' - c' \cos\alpha + 2c$. Si en même temps le point N est en F, la quantité q aura la plus petite valeur, et $p - g$ la plus grande valeur possible; donc la valeur correspondante de L donnée par l'équation (5) sera maximum. En la désignant par L'', on aura

$$(7) \qquad L'' = Pc' \left(\frac{f' + 2c}{f''} \sin\alpha + \frac{l' - g}{f''} \cos\alpha \right).$$

ARTICLE IV.

DÉTERMINATION DES VALEURS NUMÉRIQUES DES SIX QUANTITÉS ρ_0, Δ, Δ', Δ'', $\Delta'_{,}$, $\Delta''_{,}$ ($n^o\,39$), ET DES QUATRE QUANTITÉS σ_0, σ_2, σ'', σ_4 ($n^o\,40$), PAR LA FORMULE DE THOMAS SIMPSON.

49. Dans le cas des voûtes d'épaisseur variable, les nombres ρ_0, Δ, ... σ_0, σ_2, ... qui entrent dans les valeurs de Q et L ont été obtenus par des méthodes d'intégration indiquées dans les $n^{os}\,39$ et 40. Les formules obtenues par ces méthodes exigent des calculs assez longs; aussi sera-t-il souvent plus simple et suffisamment exact de déterminer ces nombres par la méthode d'intégration approchée dite *formule de Thomas Simpson*.

Rappelons brièvement en quoi consiste cette formule.

Elle a pour but de trouver la valeur numérique approchée d'une intégrale définie $\int_a^b y\,dx$, dans laquelle y est la dérivée d'une fonction de x que l'on ne sait pas déterminer sous forme finie. A cet effet, on calcule un certain nombre de valeurs de y correspondant à des valeurs de x croissant en progression arithmétique. On obtient ainsi les ordonnées d'un certain nombre de points de la courbe dont l'aire est égale à l'intégrale définie cherchée. En joignant ces points par des lignes droites, on obtient un polygone inscrit dont l'aire diffère d'autant moins de celle de la courbe que les points sont plus multipliés. Mais, afin d'éviter le calcul d'un trop grand nombre d'ordonnées, tout en conservant une approximation suffisante, on remplace les côtés du polygone par des arcs de paraboles du second degré passant par trois points consécutifs, et dont l'ordonnée, contenant trois paramètres indéterminés, est de la forme $y = ax^2 + bx + c$.

Divisons la différence $b - a$ des valeurs extrêmes de x en un nombre pair $2n$ de parties égales. Soient h l'une de ces parties, $y_0, y_1, y_2, \ldots y_{2n}$ les valeurs de y correspondant aux $2n + 1$ valeurs de x: $a, a+h, a+2h, \ldots, b$; l'aire du polygone curviligne ainsi obtenu étant représentée par S, on aura

$$S = \frac{h}{3} \left[y_0 + y_{2n} + 4 (y_1 + y_3 + \ldots + y_{2n-1}) + 2 (y_2 + y_4 + \ldots + y_{2n-2}) \right].$$

dans laquelle la parenthèse est la somme des deux ordonnées extrêmes ayant pour indices zéro et $2n$, plus quatre fois la somme des ordonnées d'indice impair, plus deux fois la somme des ordonnées d'indice pair.

On pourra prendre généralement la valeur de S pour celle de l'intégrale cherchée.

Lorsque la courbe présentera des parties d'une courbure prononcée, il pourra convenir de partager l'intervalle $(b - a)$ en deux ou plusieurs parties, auxquelles on appliquera séparément la formule précédente en augmentant ou diminuant le nombre des divisions suivant que les valeurs de y varieront plus ou moins rapidement.

ARTICLE V.

APPLICATIONS NUMÉRIQUES.

50. *Voûte d'épaisseur variable.*

DONNÉES GÉOMÉTRIQUES (*fig.* 11 et 12).

Largeur du pont...................... $L' = 4^m,00$
Ouverture de la voûte.............. $2l' = 152^m,00$

Flèche de l'arc d'intrados............ $f' = 12^m,30$
Épaisseur à la clef............... $2e = 2^m,00$
Épaisseur aux naissances........... $2e' = 4^m,00$

Calcul des quantités r et z [n° **33**, *formules* (1) *et* (2)].

$$\tan \frac{\alpha}{2} = \frac{f' - e' + e}{l'}.$$

$f' - e' + e$.................... $11^m,30$
l'.................... $76^m,00$

$\log \tan \dfrac{\alpha}{2}$.................... $\overline{1},17226$

$\dfrac{\alpha}{2}$.................... $8°27'$

α.................... $16°54'$

$$r = \frac{l'}{\sin \alpha} + e'.$$

$\log \dfrac{l'}{\sin \alpha}$.................... $2,41701$

r.................... $263^m,20$

DONNÉES DYNAMIQUES.

Poids du mètre cube de maçonnerie.... $\pi = 2600^{kg}$
Épaisseur de charge à la clef (n° **34**).... $E_0 = 2^m,30$
Épaisseur de charge aux naissances..... $E_1 = 6^m,00$

Calcul des quantités A' *et* B' [n° **34**, *formules* (9)].

$$A' = \pi L' r E_0.$$

$\log \pi L' r$.................... $6,43736$
$\log E_0$.................... $0,36173$

$\log A'$.................... $6,79909$
A'.................... 6296000^{kg}

$$B' = \pi L'r \frac{E_1 - E_0}{1 - \cos\alpha}.$$

$$\log \pi L'r \ldots\ldots\ldots\ldots\ldots\ldots\ldots\ldots\ldots\ldots\ldots \quad 6,43736$$

$$\log \frac{E_1 - E_0}{1 - \cos\alpha} = \log \frac{E_1 - E_0}{m_1} \ (\text{Table II})\ldots \quad 1,93214$$

$$\log B' \ldots\ldots\ldots\ldots\ldots\ldots\ldots\ldots\ldots\ldots\ldots \quad \overline{8,36950}$$

$$B' \ldots\ldots\ldots\ldots\ldots\ldots\ldots\ldots\ldots\ldots\ldots\ldots\ldots \quad 234\,200\,000^{kg}$$

Calcul de P [n° **34**, *formule* (10), n° **42** *et Table I*].

$$P = -p_1 A' - p_2 B'.$$

Pour 16°, p_1 $\ldots\ldots\ldots\ldots\ldots\ldots\ldots\ldots\ldots$ $\quad 0,27925$

Pour 54′, $\frac{54}{60}\Delta p_1 = 0,90 \Delta p_1$ $\ldots\ldots\ldots\ldots$ $\quad 1571$

$p_1 \ldots\ldots\ldots\ldots\ldots\ldots\ldots\ldots\ldots\ldots\ldots\ldots$ $\quad \overline{0,29496}$

$p_1 A' \ldots\ldots\ldots\ldots\ldots\ldots\ldots\ldots\ldots\ldots\ldots$ $\quad 1\,856\,000^{kg}$

Pour 16°, $p_2 \ldots\ldots\ldots\ldots\ldots\ldots\ldots\ldots\ldots$ $\quad 0,00362$

Pour 54′, $0,90 \Delta p_2 \ldots\ldots\ldots\ldots\ldots\ldots\ldots$ $\quad 64$

$p_2 \ldots\ldots\ldots\ldots\ldots\ldots\ldots\ldots\ldots\ldots\ldots\ldots$ $\quad \overline{0,00426}$

$p_2 B' \ldots\ldots\ldots\ldots\ldots\ldots\ldots\ldots\ldots\ldots\ldots$ $\quad 998\,000^{kg}$

$P \ldots\ldots\ldots\ldots\ldots\ldots\ldots\ldots\ldots\ldots\ldots\ldots\ldots$ $\quad -2\,854\,000^{kg}$

Calcul des limites de Q [n° **47**, *formules* (3) *et* (4)].

Calcul de M''_α (n°ˢ **35** et **43**).

$$M''_\alpha = m_1 r A' + m_2 r B'.$$

$r A' \ldots\ldots\ldots\ldots\ldots\ldots\ldots\ldots\ldots\ldots\ldots$ $\quad 1\,657\,000\,000$

$r B' \ldots\ldots\ldots\ldots\ldots\ldots\ldots\ldots\ldots\ldots\ldots$ $\quad 61\,700\,000\,000$

Pour 16°, m_1 (Table II) $\ldots\ldots\ldots\ldots\ldots$ $\quad 0,03874$

Pour 54′, $0,90 \Delta m_1 \ldots\ldots\ldots\ldots\ldots\ldots$ $\quad 446$

$m_1 \ldots\ldots\ldots\ldots\ldots\ldots\ldots\ldots\ldots\ldots\ldots\ldots$ $\quad \overline{0,04320}$

$m_1 r A' \ldots\ldots\ldots\ldots\ldots\ldots\ldots\ldots\ldots\ldots$ $\quad 71\,600\,000^{kg}$

Pour $16°$, m_2 . . . . $0,00075$

$0,90 \, \Delta m_2$ . . . . $\underline{19}$

m_2 . . . . $0,00094$

$m_2 \, r \, \mathrm{B}'$ . . . . $58\,000\,000^{kg}$

M''_α . . . . $129\,600\,000^{kg}$

$$g = \frac{\mathrm{M}''_\alpha}{\frac{1}{2}\,\Pi}.$$

$\frac{1}{2}\,\Pi = -\,\mathrm{P}$ . . . . $2\,854\,000$

g . . . . $45^m,40$

$$\mathrm{Q}' = \frac{p' - g}{q'}\,\mathrm{P} \quad [\text{n}° \, 47, \text{ formules } (3) \text{ et } (4)].$$

$p' = l''$ . . . . $77^m,16$

$q' = f'' - 2e$ . . . . $8^m,47$

$\dfrac{\mathrm{Q}'}{\mathrm{P}}$ . . . . $3,75$

Q' . . . . $3,75\,\mathrm{P}.$

$$\mathrm{Q}'' = \frac{p'' - g}{q''}.$$

$p'' = l'$ . . . . $76^m,00$

$q'' = f' + 2e$ . . . . $14^m,30$

$\dfrac{p'' - g}{q''} = \dfrac{l' - g}{f' + 2e}$ . . . . $2,11$

Q'' . . . . $2,11\,\mathrm{P}.$

Calcul de Q.

La valeur de Q se calcule à l'aide de la formule (19) du n° 35 ramenée à la forme (6) du n° 41, dans laquelle Q_1 est donnée par l'équation (a), même numéro. Les nombres q_1, q_2, qui dans le cas des voûtes d'épaisseur constante sont donnés par la Table III, se calculent ici par les formules

$$(1) \qquad \left\{ \begin{aligned} q_1 &= \frac{\delta_2}{\delta}, \\ q_2 &= \frac{\frac{1}{2}\delta_1 - \delta_2}{\delta}. \end{aligned} \right.$$

La première formule (23) et les deux formules (28) du n° 35 donnent les nombres δ, δ_1, δ_2 en fonction des six quantités ρ_0, Δ, Δ', Δ'', Δ'_1, Δ''_1, qui se calculent à l'aide des formules obtenues au n° 39. Enfin les quatre nombres σ_0, σ_2, σ'', σ_4 se calculent à l'aide des formules obtenues (n° 40). Le rapport $\dfrac{E}{G}$ est égal à 3, et, en introduisant sa valeur dans la formule (6) du n° 41, elle devient

$$(2) \qquad Q = \frac{Q_1 - \dfrac{2}{r^2}\left(\dfrac{\sigma''}{\delta}\,\Delta' + \dfrac{\sigma_4}{\delta}\,B'\right) - \dfrac{E\tau\sin\alpha}{r^2\delta}}{1 + \dfrac{1}{r^2}\left(3\dfrac{\sigma_0}{\delta} - 2\dfrac{\sigma_2}{\delta}\right)}.$$

§ I. — Calcul des six nombres ρ_0, Δ, Δ', Δ'', Δ'_1, Δ''_1 (n° 39).

$$\rho_0 = \frac{2}{a^2\sqrt{a}\,I_0}\left[(a-1)^2 y_3 + 2(a-1)y_2 + y_1\right],$$

$$y_2 = \tan g\, y_1 = \sqrt{a}\,\tan g\,\frac{\alpha}{2},$$

$$a = 1 + \frac{2\left(\dfrac{e'}{e} - 1\right)}{1 - \cos\alpha}.$$

$$\frac{e'}{e} \dotfill 2,00$$

$$1 - \cos\alpha = m_1 \dotfill 0,04320$$

$$a \dotfill 47,3$$

$$\log \operatorname{tang} \frac{\alpha}{2} \ldots \ldots \ldots \ldots \ldots \ldots \ldots \quad \overline{1},17226$$

$$\log \sqrt{a} \ldots \ldots \ldots \ldots \ldots \ldots \ldots \ldots \quad 0,87343$$

$$\log \operatorname{tang} y_1 \ldots \ldots \ldots \ldots \ldots \ldots \ldots \quad 0,00969$$

$$\operatorname{tang} y_1 = y_\alpha \ldots \ldots \ldots \ldots \ldots \ldots \quad 1,02256$$

$$y_1 \ldots \ldots \ldots \ldots \ldots \ldots \ldots \ldots \quad \text{arc } 45° 38'$$

$$y_1 \ldots \ldots \ldots \ldots \ldots \ldots \ldots \ldots \quad 0,79645$$

$$y_2 = \frac{1}{2} \frac{y_\alpha}{1 + y_\alpha^2} + \frac{y_1}{2},$$

$$\frac{y_\alpha}{1 + y_\alpha^2} = \frac{1}{2} \sin 2 y_1.$$

$$\log \sin 2 y_1 \ldots \ldots \ldots \ldots \ldots \ldots \quad \overline{1},99989$$

$$\sin 2 y_1 \ldots \ldots \ldots \ldots \ldots \ldots \ldots \quad 0,99975$$

$$y_2 \ldots \ldots \ldots \ldots \ldots \ldots \ldots \ldots \quad 0,64816$$

$$y_3 = \frac{1}{4} \frac{y_\alpha}{(1 + y_\alpha^2)^2} + \frac{3}{4} y_2,$$

$$\frac{y_\alpha}{(1 + y_\alpha^2)^2} = \frac{1}{4} \sin 2 y_1 + \frac{1}{8} \sin 4 y_1.$$

$$\frac{1}{4} \frac{y_\alpha}{(1 + y_\alpha^2)^2} \ldots \ldots \ldots \ldots \ldots \quad 0,061105$$

$$y_3 \ldots \ldots \ldots \ldots \ldots \ldots \ldots \ldots \quad 0,54722$$

Faisons abstraction du facteur $\dfrac{2}{a^2 \sqrt{a}\, \mathrm{I}_0}$ commun aux six

nombres cherchés (n° **39**); les valeurs de ces six nombres seront données par les formules

$$(3)\quad\left\{\begin{aligned}
\rho_0 &= y_1 + 2(a-1)y_2 + (a-1)^2 y_3,\\
\Delta &= 2y_1 + 2(a-2)y_2 - 2(a-1)y_3,\\
\Delta' &= 4y_1 - 8y_2 + 4y_3,\\
\Delta'' &= 4\alpha\,\frac{a^2\sqrt{a}}{(a-1)^3} - 8\,\frac{3(a-1)a+1}{(a-1)^3}\,y_1\\
&\quad + 8\,\frac{3a-2}{(a-1)^2}\,y_2 - \frac{8}{a-1}\,y_3,\\
\Delta'_1 &= \left(\tfrac{8}{15}a' + \tfrac{24}{35}a'^2\right)y_\alpha - \tfrac{9}{105}a'^2 y_\alpha^3 + \left(\tfrac{4}{3} - \tfrac{24}{15}a' - \tfrac{48}{35}a'^2\right)y_1\\
&\quad - \left(\tfrac{8}{3} - \tfrac{24}{15}a' - \tfrac{32}{35}a'^2\right)y_2 + \left(\tfrac{4}{3} - \tfrac{8}{15}a' - \tfrac{8}{35}a'^2\right)y_3,\\
\Delta''_1 &= \left(\tfrac{8}{3}a' + \tfrac{24}{5}a'^2 + \tfrac{48}{7}a'^3\right)y_\alpha - \left(\tfrac{8}{15}a'^2 + \tfrac{24}{21}a'^3\right)y_\alpha^3 + \tfrac{8}{35}a'^3 y_\alpha^5\\
&\quad - \left(8a' + \tfrac{48}{5}a'^2 + \tfrac{80}{7}a'^3\right)y_1 + \left(8a' + \tfrac{32}{5}a'^2 + \tfrac{40}{7}a'^3\right)y_2\\
&\quad - \left(\tfrac{8}{3}a' + \tfrac{8}{5}a'^2 + \tfrac{8}{7}a'^3\right)y_3.
\end{aligned}\right.$$

$$
\begin{aligned}
a - 1 &\ldots\ldots\ldots\ldots\ldots\ldots\ldots\ldots\ldots\ldots\ldots & 46,3\\
2(a-1)y_2 &\ldots\ldots\ldots\ldots\ldots\ldots\ldots\ldots\ldots & 60,04\\
(a-1)^2 &\ldots\ldots\ldots\ldots\ldots\ldots\ldots\ldots\ldots\ldots & 2142\\
(a-1)^2 y_3 &\ldots\ldots\ldots\ldots\ldots\ldots\ldots\ldots\ldots & 1172\\
\rho_0 &\ldots\ldots\ldots\ldots\ldots\ldots\ldots\ldots\ldots\ldots\ldots & 1232,83\\
2(a-2)y_2 &\ldots\ldots\ldots\ldots\ldots\ldots\ldots\ldots\ldots & 58,70\\
2(a-1)y_3 &\ldots\ldots\ldots\ldots\ldots\ldots\ldots\ldots\ldots & 50,64\\
\Delta &\ldots\ldots\ldots\ldots\ldots\ldots\ldots\ldots\ldots\ldots\ldots & 9,65\\
\Delta' &\ldots\ldots\ldots\ldots\ldots\ldots\ldots\ldots\ldots\ldots\ldots & 0,1894\\
a^2\sqrt{a} &\ldots\ldots\ldots\ldots\ldots\ldots\ldots\ldots\ldots\ldots & 15393\\
\frac{a^2\sqrt{a}}{(a-1)^3} &\ldots\ldots\ldots\ldots\ldots\ldots\ldots\ldots & 0,15501\\
\frac{\alpha}{2}\,\frac{a^2\sqrt{a}}{(a-1)^3} &\ldots\ldots\ldots\ldots\ldots\ldots & 0,02287\\
\frac{3(a-1)a+1}{(a-1)^3}\,y_1 &\ldots\ldots\ldots\ldots\ldots\ldots & 0,052727
\end{aligned}
$$

$$\frac{3a-2}{(a-1)^2}\, y_2 \dots \dots \dots \dots \qquad 0,042298$$

$$\frac{1}{a-1}\, y_3 \dots \dots \dots \dots \qquad 0,011819$$

$$\tfrac{1}{8}\Delta'' \dots \dots \dots \dots \qquad 0,000622$$

$$\Delta'' \dots \dots \dots \dots \qquad 0,004976$$

$$\log a \dots \dots \dots \dots \qquad 1,67486$$

$$\log \frac{1}{a} = \log a' \dots \dots \dots \qquad \overline{2},32514$$

$$\log a'^2 \dots \dots \dots \dots \qquad \overline{4},65028$$

$$\log a'^3 \dots \dots \dots \dots \qquad \overline{6},97542$$

$$a' \dots \dots \dots \dots \qquad 0,02114$$

$$a'^2 \dots \dots \dots \dots \qquad 0,0004470$$

$$a'^3 \dots \dots \dots \dots \qquad 0,00000945o$$

$$\left(\tfrac{8}{15}a' + \tfrac{24}{35}a'^2\right)y_\alpha \dots \dots \qquad 0,011844$$

$$\tfrac{8}{105}a'^2 y_\alpha^3 \dots \dots \qquad 0,0000364 \ (\text{négl.})$$

$$\left(\tfrac{4}{3} - \tfrac{24}{15}a' - \tfrac{48}{35}a'^2\right)y_1 \dots \dots \qquad 1,03448$$

$$\left(\tfrac{8}{3} - \tfrac{24}{15}a' - \tfrac{32}{35}a'^2\right)y_2 \dots \dots \qquad 1,70624$$

$$\left(\tfrac{4}{3} - \tfrac{8}{15}a' - \tfrac{8}{35}a'^2\right)y_3 \dots \dots \qquad 0,72340$$

$$\Delta_1' \dots \dots \dots \dots \qquad 0,06345$$

$$\left(\tfrac{8}{3}a' + \tfrac{24}{5}a'^2 + \tfrac{48}{7}a'^3\right)y_\alpha \dots \dots \qquad 0,059744$$

$$\left(\tfrac{8}{15}a'^2 + \tfrac{24}{21}a'^3\right)y_\alpha^3 \dots \dots \qquad 0,000266$$

$$\tfrac{8}{35}a'^3 y_\alpha^5 \dots \dots \dots \qquad \text{négligeable.}$$

$$\left(8a' + \tfrac{48}{5}a'^2 + \tfrac{80}{7}a'^3\right)y_1 \dots \dots \qquad 0,138200$$

$$\left(8a' + \tfrac{32}{5}a'^2 + \tfrac{40}{7}a'^3\right)y_2 \dots \dots \qquad 0,111488$$

$$\left(\tfrac{8}{3}a' + \tfrac{8}{5}a'^2 + \tfrac{8}{7}a'^3\right)y_3 \dots \dots \qquad 0,031248$$

$$\Delta_1'' \dots \dots \dots \dots \qquad 0,001518$$

Calcul des nombres δ, δ_1, δ_2, non compris le facteur $\dfrac{2}{a^2\sqrt{a}\,\mathrm{I}_0}$.

$$\delta = \Delta' - \frac{\Delta^2}{\rho_0}.$$

$$\frac{\Delta}{\rho_0} \dots \dots \dots \dots \dots \qquad 0,00783$$

$$\frac{\Delta^2}{\rho_0} \dotfill 0,07556$$

$$\delta \dotfill 0,1138$$

$$\delta_1 = \Delta'' - \frac{\Delta\Delta'}{\rho_0}.$$

$$\frac{\Delta\Delta'}{\rho_0} \dotfill 0,001483$$

$$\delta_1 \dotfill 0,003493$$

$$\delta_2 = \Delta''_1 - \frac{\Delta\Delta'_1}{\rho_0}.$$

$$\frac{\Delta\Delta'_1}{\rho_0} \dotfill 0,0004968$$

$$\delta_2 \dotfill 0,001021$$

$$Q_1 = - A' + q_1 A' - q_2 B'.$$

$$q_1 = \frac{\delta_2}{\delta} \dotfill 0,008972$$

$$q_1 A' \dotfill 56490^{kg}$$

$$q_2 = \frac{\frac{1}{2}\delta_1 - \delta_2}{\delta} \dotfill 0,00637$$

$$q_2 B' \dotfill 1493000^{kg}$$

$$Q_1 \dotfill - 7732510^{kg}$$

Calcul des termes complémentaires de la valeur de Q donnée par la formule (2) du présent numéro [n° 40, formules (23), (24), (25) et (26)].

$$\sigma_0 = \frac{2 y_1}{\sqrt{a\,\Omega_0}},$$

$$\sigma_2 = \frac{2}{\sqrt{a\,\Omega_0}}\left[(1 + 4a')y_1 - 4a'y_\alpha\right],$$

$$\sigma'' = \frac{8}{a\sqrt{a\,\Omega_0}}(y_\alpha - y_1),$$

$$\sigma_4 = \frac{16}{3a^2\sqrt{a\,\Omega_0}}\left(\tfrac{1}{3}y_\alpha^3 - y_\alpha + y_1\right).$$

La valeur de la quantité ∂ qui divise les quatre quantités précédentes dans la formule (2) est égale au nombre trouvé ci-dessus, 0,1138, multiplié par le facteur commun $\dfrac{2}{a^2\sqrt{a}\,I_0}$, dont nous avons fait abstraction dans les formules (3). Supposons que la lettre ∂_n représente dans les formules suivantes le nombre 0,1138, c'est-à-dire la véritable valeur de la quantité ∂ divisée par le facteur $\dfrac{2}{a^2\sqrt{a}\,I_0}$.

Remplaçons I_0 par sa valeur (3) (n° **39**); Ω_0 par sa valeur (22) (n° **40**), d'où résulte $\dfrac{I_0}{\Omega_0}=\dfrac{e^2}{3}$, et les quatre formules précédentes deviendront

$$\frac{\sigma_0}{\partial}=\frac{e^2}{3}\,a^2\,\frac{\gamma_1}{\partial_n},$$

$$\frac{\sigma_2}{\partial}=\frac{e^2}{3}\,a^2\big[\gamma_1-4\,a'(\gamma_\alpha-\gamma_1)\big]\frac{1}{\partial_n},$$

$$\frac{\sigma''}{\partial}=\frac{4\,e^2}{3}\,a\,\frac{\gamma_\alpha-\gamma_1}{\partial_n},$$

$$\frac{\sigma_i}{\partial}=\tfrac{8}{9}\,e^2\left(\tfrac{1}{3}\gamma_\alpha-\gamma_2+\gamma_1\right)\frac{1}{\partial_n}.$$

Quantité complémentaire du dénominateur :

$$\frac{3}{r^2}\,\frac{\sigma_0}{\partial}-\frac{2}{r^2}\,\frac{\sigma_2}{\partial}=d,$$

$$d=\frac{1}{3}\,\frac{e^2}{r^2}\,a^2\,\frac{\gamma_1}{\partial_n}+\frac{8}{3}\,\frac{e^2}{r^2}\,a\,\frac{\gamma_\alpha-\gamma_1}{\partial_n}.$$

Quantité complémentaire du numérateur :

$$n=-\frac{8}{3}\,\frac{e^2}{r^2}\,a\,\frac{\gamma_\alpha-\gamma_1}{\partial_n}\,A'-\frac{16}{9}\,\frac{e^2}{r^2}\,\frac{\tfrac{1}{3}\gamma_\alpha^3-\gamma_\alpha+\gamma_1}{\partial_n}\,B'-\frac{E\tau\sin x}{r^2\partial}.$$

$$\frac{c^2}{r^2} = \frac{1}{r^2} \dots\dots\dots\dots\dots\dots\dots\dots\dots\dots 0,000011\tilde{1}$$

$$\frac{c^2}{r^2 \delta_n} \dots\dots\dots\dots\dots\dots\dots\dots\dots\dots 0,0001265$$

$$\tfrac{1}{3} a^2 y_1 \dots\dots\dots\dots\dots\dots\dots\dots\dots\dots 593$$

$$\tfrac{1}{3} a^2 y_1 \frac{c^2}{r^2 \delta_n} \dots\dots\dots\dots\dots\dots\dots\dots 0,0751$$

$$\tfrac{8}{3} a (y_\alpha - y_1) \dots\dots\dots\dots\dots\dots\dots\dots 28,5$$

$$\tfrac{8}{3} a (y_\alpha - y_1) \frac{c^2}{r^2 \delta_n} \dots\dots\dots\dots\dots\dots 0,0036$$

$$d \dots\dots\dots\dots\dots\dots\dots\dots\dots\dots\dots 0,0787$$

$$A' \frac{c^2}{r^2 \delta_n} \dots\dots\dots\dots\dots\dots\dots\dots\dots 796,4$$

$$\tfrac{8}{3} a (y_\alpha - y_1) \frac{c^2}{r^2 \delta_n} A' \dots\dots\dots\dots\dots 22700$$

$$B' \frac{c^2}{r^2 \delta_n} \dots\dots\dots\dots\dots\dots\dots\dots\dots 29600$$

$$\tfrac{16}{9} \left(\tfrac{1}{3} y_\alpha^3 - y_\alpha + y_1 \right) \dots\dots\dots\dots\dots 0,231$$

$$\tfrac{16}{9} \left(\tfrac{1}{3} y_\alpha^3 - y_\alpha + y_1 \right) \frac{c^2}{r^2 \delta_n} B' \dots\dots\dots\dots 6840$$

Le terme relatif à la variation de température contient
deux nombres qui n'ont été déterminés par aucune expérience, savoir le coefficient d'élasticité longitudinale E et
le coefficient de dilatation de la matière de la voûte, dont τ
représente le produit par le nombre de degrés dont la
température a varié dans le passage du premier état d'équilibre au second. Nous sommes donc obligé, quant à présent, de faire abstraction de ce terme, et la valeur complémentaire du numérateur de Q est

$$n = -29540;$$

il en résulte

$$Q = \frac{Q_1 - n}{1 + d} = - \frac{7732510 + 29540}{1,0787} = -7196000^{kg}.$$

En négligeant la valeur de n, on commet une erreur de moins de $\frac{1}{1000}$. En négligeant celle de d, l'erreur commise serait un peu inférieure à $\frac{8}{100}$.

Le rapport $\frac{Q}{P}$ est égal à $2,52$. Nous avons trouvé plus haut, pour les limites de Q,

$$Q' = 3,75\,P,$$
$$Q'' = 2,11\,P.$$

Ainsi la valeur de Q est effectivement comprise entre Q' et Q''; elle est d'ailleurs inférieure à leur moyenne arithmétique.

Remarquons que $\frac{1}{\alpha} = 3,39$ est compris entre $\frac{Q'}{P}$ et $\frac{Q''}{P}$.

§ II. — Application de la formule d'intégration de Thomas Simpson (n° 49), au calcul des six quantités ρ_0, Δ, Δ', Δ'', Δ'_1, Δ''_1.

Les six fonctions désignées par y dans le n° **49** sont les fonctions de ω placées sous le signe $\int$ dans les formules (1) du n° **39**, savoir :

$$y = \frac{1}{1},$$

$$y = \frac{1 - \cos\omega}{1},$$

$$y = \frac{(1 - \cos\omega)^2}{1},$$

$$y = \frac{(1 - \cos\omega)^3}{1},$$

$$y = \frac{2(1 - \cos\omega) - \omega\sin\omega}{1},$$

$$y = \frac{2(1 - \cos\omega) - \omega\cos\omega}{1}(1 - \cos\omega).$$

Les valeurs de $1 - \cos\omega$ sont les nombres m_1 de la Table II; celles de $2(1 - \cos\omega) - \omega\sin\omega$ sont les nombres m_3 de la Table IV [*voir* les deux premières formules (*b*) du n° 41].

Ainsi les fonctions précédentes peuvent s'écrire

$$y = \frac{1}{I},$$

$$y = \frac{m_1}{I},$$

$$y = \frac{m_1^2}{I},$$

$$y = \frac{m_1^3}{I},$$

$$y = \frac{m_3}{I},$$

$$y = \frac{m_1 m_3}{I}.$$

La valeur de I est donnée par la seconde formule (5) du n° 33, savoir

$$I = \tfrac{2}{3} L' \varepsilon^3,$$

la demi-épaisseur ε de la voûte étant exprimée en fonction de ω par la formule

$$(a) \qquad \varepsilon = c[1 + m(1 - \cos\omega)],$$

dans laquelle $m = \dfrac{\dfrac{c'}{c} - 1}{1 - \cos\alpha} = \dfrac{a - 1}{2}$ (n° 39), formules (4) et (*d*).

Nous allons calculer les valeurs des fonctions y correspondant à des valeurs de ω croissant de 3° en 3″, depuis zéro jusqu'à α; mais, comme les cinq dernières de ces fonctions croissent rapidement à partir de zéro, nous intercalerons une ordonnée entre les deux premières en partageant en deux parties égales l'intervalle de 3° compris entre zéro et 3°. L'aire totale de chaque courbe se composera ainsi de trois parties, auxquelles on appliquera séparément la formule de Thomas Simpson. La première des trois comprendra trois ordonnées y_0, y_1, y_2, dont la distance h sera égale à l'arc de 1°30′; son aire sera

$$S = \frac{h}{3}(y_0 + 4y + y_2).$$

La seconde comprendra quatre parties formées par cinq ordonnées y_0, y_1, y_2, y_3, y_4, dont la distance h sera égale à l'arc de 3° ou à 0,05235. Son aire sera

$$S = \frac{h}{3}[y_0 + y_4 + 4(y_1 + y_3) + 2y_2].$$

Enfin la troisième ne comprendra qu'une seule partie et deux ordonnées y_0, y_1, dont l'intervalle h sera égal à l'arc de 1°54′ ou à 0,03316. Son aire, peu différente de celle du trapèze formé en joignant par une droite les extrémités des ordonnées, sera donnée par la formule

$$S = \frac{h}{2}(y_0 + y_1).$$

Les calculs sont disposés dans le Tableau suivant.

La quantité $\frac{2}{3}L'$ étant diviseur commun de toutes les fonctions y, nous en avons fait abstraction, de même que nous avons fait abstraction du facteur $\dfrac{2}{a^2\sqrt{a}\,l_0}$ dans le paragraphe I. Le moment d'inertie I_0 de la section normale à la clef est égal à $\frac{2}{3} L' e^3$; ainsi le rapport de ces deux facteurs est égal à $\dfrac{2}{a^2 \sqrt{a}\, e^3} = 0,00013$. Tel devrait être le rapport commun des valeurs que nous allons obtenir dans ce paragraphe et de celles que nous avons obtenues dans le paragraphe précédent pour les six quantités ρ_0. Δ, Δ', Δ'', Δ'_1, Δ''_1.

Tableau des calculs relatifs à l'application de la formule d'intégration approximative dite de **Thomas Simpson**, pour ρ_0, Δ, Δ', Δ'', Δ'_1, Δ''_1.

	INDICES de y.	ω.		m_1.	$\varepsilon = e(1 + mm_1)$ $(m = 23,15)$.	$\log \varepsilon$.	$\log \varepsilon^3$.	$\log \dfrac{1}{\varepsilon^3}$.
	1	2	3	4	5	6	7	8
1re partie....	0	0. 0'		0,0000000	1,000	0,000 00	0,000 00	0,000 00
	1	1.30	$\dfrac{h}{3} = 0,008727$	0,0003427	1,008	0,003 46	0,010 38	$\overline{1},989\,62$
	2	3. 0		0,0013710	1,032	0,013 68	0,041 04	$\overline{1},958\,96$
2e partie.....	0	3. 0		0,0013710	1,032	0,013 68	0,041 04	$\overline{1},958\,96$
	1	6. 0		0,0054800	1,127	0,051 92	0,155 76	$\overline{1},844\,24$
	2	9. 0	$\dfrac{h}{3} = 0,017450$	0,0123100	1,285	0,108 90	0,326 70	$\overline{1},673\,30$
	3	12. 0		0,0218500	1,506	0,177 82	0,533 46	$\overline{1},466\,54$
	4	15. 0		0,0340700	1,789	0,252 61	0,757 83	$\overline{1},242\,17$
3e partie.....	0	15. 0	$\dfrac{h}{2} = 0,016580$	0,0340700	1,789	0,252 61	0,757 83	$\overline{1},242\,17$
	1	16.54		0,0432000	2,000	0,301 63	0,903 09	$\overline{1},096\,91$

Tableau des calculs relatifs à l'application de la formule d'intégration approximative dite de Thomas Simpson,
pour ρ_0, Δ, Δ', Δ'', Δ'_1, Δ''_1. (Suite.)

	INDICES de γ.	$\dfrac{1}{\varepsilon^3}\gamma$.	AIRES partielles.	ρ_0.	$\log m_1$.	$\log \dfrac{m_1}{\varepsilon^3}$.	$\dfrac{m_1}{\varepsilon^3}\gamma$.	AIRES partielles.	Δ.	$\log \dfrac{m_1^2}{\varepsilon^4}$.
		9	10	11	12	13	14	15	16	17
1re partie…	0	1,0000	$S = 0,05072$		$-\infty$	$-\infty$	0,0000000	$S = \dfrac{2,257}{10^5}$		$-\infty$
	1	0,9764			$\overline{7},531\,91$	$\overline{7},524\,53$	0,0003346			$\overline{7},059\,41$
	2	0,9098			$\overline{3},137\,04$	$\overline{3},096\,00$	0,0012470			$\overline{6},233\,04$
2e partie…	0	0,9098	$S = 0,10460$	$\rho_0 = 0,16029$	$\overline{3},137\,04$	$\overline{3},096\,00$	0,0012470	$S = \dfrac{104,25}{10^5}$	$\Delta = 0,0012533$	$\overline{6},233\,04$
	1	0,6986			$\overline{3},738\,78$	$\overline{3},583\,02$	0,0038280			$\overline{5},321\,80$
	2	0,4713			$\overline{2},090\,26$	$\overline{3},763\,56$	0,0058020			$\overline{5},853\,82$
	3	0,2928			$\overline{2},339\,45$	$\overline{3},805\,99$	0,0063970			$\overline{7},145\,11$
	4	0,1746			$\overline{2},532\,37$	$\overline{3},774\,54$	0,0059500			$\overline{4},306\,91$
3e partie…	0	0,1746	$S = 0,00197$		$\overline{2},532\,37$	$\overline{3},774\,54$	0,0059500	$S = \dfrac{18,825}{10^5}$		$\overline{4},306\,91$
	1	0,1250			$\overline{2},635\,48$	$\overline{3},732\,39$	0,0054500			$\overline{7},367\,87$

Tableau des calculs relatifs à l'application de la formule d'intégration approximative dite de **Thomas Simpson**, pour ρ_v, Δ, Δ', Δ'', Δ'_1, Δ''_1. (Suite.)

	INDICES de y.	$10^5 \frac{m_1^2}{\varepsilon^4}$.	AIRES partielles.	Δ'.	$\log \frac{m_1^4}{\varepsilon^3}$.	$\frac{m_1^3}{\varepsilon^3} 10^{10}$.	AIRES partielles	Δ''.	m_3.	$\log m_3$.
		18	19	20	21	22	23	24	25	26
1re partie.	0	0,00000			$-\infty$	0,00			0	$-\infty$
	1	0,01147	$S = \frac{0,0018993}{10^5}$		$\overline{11},59435$	0,39	$S = \frac{0,218}{10^{10}}$		$\frac{392}{10^{10}}$	$\overline{8},59329$
	2	0,17100			$\overline{9},37008$	23,45			$\frac{6263}{10^{10}}$	$\overline{7},79678$
2e partie.	0	0,17100			$\overline{9},37008$	23,45			$\frac{6263}{10^{10}}$	$\overline{7},79678$
	1	2,09800		$\Delta' = 0,00002503$	$\overline{7},06058$	1150,00		$\Delta'' = 0,0000006573$	0,0000100	$\overline{5},00000$
	2	7,14200	$S = \frac{1,728}{10^5}$		$\overline{7},91108$	8792,00	$S = \frac{3725}{10^9}$		0,0000507	$\overline{5},70501$
	3	13,98000			$\overline{6},48189$	36540,00			0,0001598	$\overline{4},20358$
	4	20,27000			$\overline{6},83928$	69070,00			0,0003896	$\overline{4},59062$
3e partie.	0	20,27000	$S = \frac{0,773}{10^5}$		$\overline{6},83928$	69070,00	$S = \frac{2818}{10^{10}}$		0,0003896	$\overline{4},59062$
	1	23,33000			$\overline{5},00335$	100770,00			0,0006320	$\overline{4},80072$

Tableau des calculs relatifs à l'application de la formule d'intégration approximative dite de Thomas Simpson, pour ρ_0, Δ, Δ', Δ'', Δ'_1, Δ''_1. (Suite.)

INDICES de γ.	$\log \frac{m_3}{\varepsilon^3}$.	$\frac{m_3}{\varepsilon^3}\,10^5$ γ.	AIRES partielles.	Δ'_1.	$\log \frac{m_1 m_3}{\varepsilon^3}$.	$\frac{m_1 m_3}{\varepsilon^3}\,10^{10}$ γ.	AIRES partielles.	Δ''_1.
27		28	29	30	31	32	33	34
1re partie 0	$-\infty$	0,00000			$-\infty$	0,00		
1	$\bar{8},562\,91$	0,00366	$S = \dfrac{0,0006}{10^5}$		$\overline{11},097\,82$	0,195	$S = \dfrac{0,07}{10^{10}}$	
2	$\bar{7},755\,74$	0,05698			$\overline{10},892\,78$	7,81		
2e partie 0	$\bar{7},755\,74$	0,05698		$\Delta'_1 = 0,0000083$	$\overline{10},892\,78$	7,81		$\Delta''_1 = 0,000000197$
1	$\bar{6},844\,24$	0,69860			$\bar{8},583\,02$	382,80		
2	$\bar{5},378\,31$	2,38950	$S = \dfrac{0,5784}{10^5}$		$\bar{7},468\,57$	2941,50	$S = \dfrac{1247}{10^{10}}$	
3	$\bar{5},670\,12$	4,67900			$\bar{6},009\,57$	10223,00		
4	$\bar{5},832\,79$	6,80400			$\bar{6},365\,16$	23182,00		
3e partie 0	$\bar{5},832\,79$	6,80400	$S = \dfrac{0,244}{10^5}$		$\bar{6},365\,16$	23182,00	$S = \dfrac{950}{10^{10}}$	
1	$\bar{5},897\,63$	7,90000			$\bar{6},533\,11$	34130,00		

Divisons les six résultats précédents par 0,00013, rapport commun de ces nombres et de ceux que nous avons obtenus par les formules du n° 39; les quotients, que nous représenterons par les mêmes lettres, seront

$$\rho_0 = 1233,$$
$$\Delta = 9,64,$$
$$\Delta' = 0,192,$$
$$\Delta'' = 0,00504,$$
$$\Delta'_1 = 0,0633,$$
$$\Delta''_1 = 0,00169.$$

Les nombres obtenus par les formules du n° 39 sont

$$\rho_0 = 1233,$$
$$\Delta = 9,65,$$
$$\Delta' = 0,189,$$
$$\Delta'' = 0,00498,$$
$$\Delta'_1 = 0,06345,$$
$$\Delta''_1 = 0,00152.$$

Ainsi, les valeurs des six quantités ρ_0, Δ. ... obtenues à l'aide de la formule de Thomas Simpson présentent une exactitude suffisante pour la pratique. Celle de Δ''_1 seule diffère assez sensiblement de celle que nous avons trouvée pour la même quantité par la première méthode, mais la différence n'influe pas d'une manière importante sur la valeur de la poussée Q. En effet, en calculant les nombres δ, δ_1, δ_2, q_1, q_2 qui conduisent à cette valeur, on obtient

$$\delta = 0,117,$$
$$\delta_1 = 0,00354,$$
$$\delta_2 = 0,00120,$$
$$q_1 = 0,01025,$$
$$q_2 = 0,004872,$$
$$Q_1 = -7373000^{kg}.$$

Cette valeur de la poussée, qui ne comprend que la partie principale, ne diffère pas beaucoup, comme on voit, de celle que nous avons obtenue par la première méthode de calcul pour cette valeur principale. Elle diffère encore moins de la valeur complète obtenue dans ce paragraphe, savoir

$$Q = -7\,196\,000^{kg},$$

et on pourra la considérer comme représentant la valeur complète de Q, sans calculer les termes complémentaires en σ_0, σ_2, ...

§ III. — Calcul des limites de L [n° 47, formules (6) et (7)].

$$L_0 = -P e' \left(\sin z + \frac{l' - g}{f'} \cos z \right).$$

$$\sin z = p_1 - p_2 \ (\text{Table II}) \ \dots \dots \dots \dots \ 0,2907$$

$$\frac{l' - g}{f'} \cos z. \ \dots \dots \dots \dots \dots \dots \ 2,380$$

$$\sin z + \frac{l' - g}{f'} \cos z. \ \dots \dots \dots \dots \dots \ 2,6707$$

$$L_0 = -P \times 5,341 = 15\,250\,000^{kgm},$$

$$L_1 = P e' \left(\frac{f' + 2e}{f''} \sin z + \frac{l' - g}{f''} \cos z \right).$$

$$\frac{f' + 2e}{f''} \sin z + \frac{l' - g}{f''} \cos z. \dots \dots \dots \ 3,193$$

$$L_1 = P \times 6,386 = -18\,230\,000^{kgm}.$$

Calcul de L.

La valeur de L se calcule à l'aide de la formule (31) du n° 36, dans laquelle D est la quantité qu'il faut ajouter à $-A'$ pour obtenir la valeur de Q [*voir* la formule (30), même numéro], et les fonctions de α entre parenthèses sont les nombres désignés par m_1, m_3, m_4 dans les formules (b) (n° 41). En faisant usage de ces lettres ainsi que des lettres l_1, l_2, l_3, dont la valeur est donnée par les trois dernières formules (b), la valeur de L s'exprime par une formule identique à la formule (10), que nous avons obtenue à la fin du n° 41 pour le cas des voûtes d'épaisseur constante, savoir

$$L = m_1\, r\, D - m_3\, r\, A' + m_4\, r\, B' - l_1\, r\, D + l_2\, r\, A' - l_3\, r\, B'.$$

Mais ici les nombres l_1, l_2, l_3, au lieu d'être empruntés aux Tables numériques, se calculent à l'aide des valeurs obtenues plus haut pour les six quantités ρ_0, Δ, Δ', Δ''. Δ'_1, Δ''_1. Quant aux valeurs des fonctions de α, désignées par m_1, m_3, m_4, on les trouvera directement, la première dans la Table II, les deux autres dans la Table IV.

$D = A' + Q$	$- 900000^{kg}$
$r\,D$	$- 236880000^{kgm}$
$m_1\, r\,D$	$- 10230000$
Pour 16°, m_3	$0,000504$
Pour 54', $0,90\,\Delta\, m_3$	128
m_3	$0,000632$
$r\,A'$	1656000000^{kgm}
$m_3\, r\,A'$	1046000
Pour 16°, m_4	$0,000246$
Pour 54', $0,90\,\Delta\, m_4$	60
m_4	$0,000306$
$r\,B'$	61640000000^{kgm}
$m_4\, r\,B'$	18860000

$$l_1 = \frac{\Delta}{\rho_0} \dots \dots \dots \dots \dots \qquad 0,00783$$

$$l_1\, r \mathrm{D} \dots \dots \dots \dots \dots \dots \qquad -1855000^{\mathrm{k\,gm}}$$

$$l_2 = \frac{\Delta'_1}{\rho_0} \dots \dots \dots \dots \dots \qquad 0,0000515$$

$$l_2\, r\, \Delta' \dots \dots \dots \dots \dots \dots \qquad 85\,300^{\mathrm{k\,gm}}$$

$$l_3 = \frac{\dfrac{\Delta'}{2} - \Delta'_1}{\rho_0} \dots \dots \dots \qquad 0,00002538$$

$$l_3\, r\, \mathrm{B}' \dots \dots \dots \dots \dots \qquad 1\,565\,000^{\mathrm{k\,gm}}$$

$$\mathrm{L} \dots \dots \dots \dots \dots \dots \qquad 7\,959\,300^{\mathrm{k\,gm}}$$

§ IV. — Calcul de la valeur numérique :

1° Des composantes X, Z, normales et parallèles aux sections normales et du moment M de leur résultante par rapport au centre de la section ; 2° de la quantité $\omega = -\dfrac{\mathrm{M}}{\mathrm{X}}$, qui représente la distance de la courbe des pressions à l'arc moyen de la voûte (n° 37) ; 3° des quantités R, R', données par les équations (14) du n° 24, représentant, la première la pression ou traction normale, et la seconde l'action parallèle ou effort tranchant par unité de surface en un point quelconque des sections normales.

Les valeurs de Z'' qui entrent dans les valeurs (32) (n° 36) de X et Z sont données par la formule (15) du n° 35 et se calculent à l'aide de la Table I (n° 42).

Celles de $\sin\omega$ et $\cos\omega$ qui multiplient Q et Z'' dans les deux premières équations (32) se déduisent par différence des nombres p_1 et p_2 de la Table I et du nombre m_1 de la Table II. On a en effet $p_1 = \omega$, $p_2 = \omega - \sin\omega$, $m_1 = 1 - \cos\omega$, et l'on en tire $\sin\omega = p_1 - p_2$, $\cos\omega = 1 - m_1$.

Les valeurs de M données par la formule (33) du n° 36 se calculent à l'aide des nombres m_1 de la Table II et des nombres m_3 et m_4 de la Table IV, m_1, m_3, m_4 désignant les fonctions de ω qui entrent dans les trois premiers termes de cette formule (33). Les trois derniers termes, identiques à ceux qui occupent la même place dans la valeur de L, ont une somme égale à la valeur du moment M à la clef, puisqu'en faisant $\omega = 0$ dans la formule (33), les trois premiers termes disparaissent, et, en désignant cette valeur par M_0, on a

$$(b) \qquad M_0 = - l_1\,r\,\mathrm{D} + l_2\,r\,\mathrm{A}' - l_3\,r\,\mathrm{B}'$$

et, d'après les valeurs trouvées plus haut pour les trois termes du second membre de cette égalité,

$$M_0 = 375300^{\text{kgm}}.$$

On connaît ainsi la valeur de M dans la section à la clef. Dans la section aux naissances, cette valeur est égale à L.

Pour obtenir les valeurs de X et Z à la clef, il faut faire $\omega = 0$ dans la formule (15) du n° 35, ce qui donne $Z'' = 0$; substituer cette valeur dans les deux premières formules (32) et y faire $\omega = 0$. En désignant ces valeurs par X_0, Z_0, il en résulte

$$X_0 = Q = -7196000,$$
$$Z_0 = 0.$$

Dans la section aux naissances, il faut faire $\omega = \alpha$, $Z'' = \dfrac{\Pi}{2} = -P$, et l'on obtient ainsi, en désignant par X_α, Z_α les nouvelles valeurs de X et Z,

$$X_\alpha = Q \cos\alpha + P \sin\alpha,$$
$$Z_\alpha = -Q \sin\alpha + P \cos\alpha.$$

Le calcul de ces formules est le suivant :

$$Q \cos \alpha = Q - m_1 Q.$$

m_1 . . . . $0,0432$

$m_1 Q$ . . . . -310600

$Q \cos \alpha$ . . . . -6885400^{kg}

$\sin \alpha = p_1 - p_2$ . . . . $0,2907$

$P \sin \alpha$ . . . . -830000^{kg}

X_α . . . . -7715000^{kg}

$- Q \sin \alpha$ 2092000

$m_1 P$ . . . . -123000

$(1 - m_1) P = P \cos \alpha$ . . . . -2730700

Z_α . . . . -638700^{kg}

On voit que la composante parallèle Z_α est petite par rapport à la composante normale X_α, et, par suite, que leur résultante fait un angle petit avec la perpendiculaire à la section normale. Ce résultat confirme donc l'observation qui termine le n° **24**, relativement à la condition nécessaire pour que les sections normales à la fibre moyenne restent encore normales à cette fibre dans le second état d'équilibre de la pièce. La plupart des théories antérieures à la nôtre supposent *a priori* cette condition réalisée.

Les valeurs de X et M étant connues dans les sections normales à la clef et aux naissances, les distances w_0, w_α de la courbe des pressions aux centres de ces sections sont données par les égalités suivantes :

$$w_0 = - \frac{M_0}{Q} = 0,052,$$

$$w_\alpha = - \frac{L}{X_\alpha} = 1,032.$$

Ainsi la courbe des pressions passe très-près du centre de la section normale à la clef.

Remplaçons dans les équations (14) du n° 24 M par sa valeur $- w\mathrm{X}$ et I par $\frac{2}{3}\mathrm{L}'\varepsilon^3$ ou $\frac{1}{3}\Omega\varepsilon^3$; elles deviendront

$$\mathrm{R} = \frac{\mathrm{X}}{\Omega}\left(1 + \frac{3\,a'v}{\varepsilon^2}\right),$$

$$\mathrm{R}' = \frac{\mathrm{Z}}{\Omega},$$

et donneront, dans la section à la clef,

$$(1) \quad \begin{cases} \mathrm{R}_0 = \dfrac{\mathrm{Q}}{\Omega}\left(1 + \dfrac{3\,a'_0 v}{e^2}\right), \\[2mm] \mathrm{R}'_0 = 0, \end{cases}$$

et, dans la section aux naissances,

$$(2) \quad \begin{cases} \mathrm{R}_\alpha = \dfrac{\mathrm{X}_\alpha}{\Omega_\alpha}\left(1 + \dfrac{3\,a'_\alpha v}{e'^2}\right), \\[2mm] \mathrm{R}'_\alpha = \dfrac{\mathrm{Z}_\alpha}{\Omega_\alpha}. \end{cases}$$

L'aire Ω d'une section normale est égale à $2\,\mathrm{L}'\varepsilon$. La valeur de ε est égale à $e = 1^{\mathrm{m}}$ à la clef et à $e' = 2^{\mathrm{m}}$ aux naissances. On a donc, pour la valeur de Ω à la clef,

$$\Omega_0 = 8,00,$$

et aux naissances

$$\Omega_\alpha = 16,00.$$

L'effort tranchant R' est nul à la clef et est égal, aux naissances, à

$$\mathrm{R}'_\alpha = -39900^{\mathrm{kg}},$$

l'unité étant égale au mètre carré. En prenant pour unité le centimètre carré, l'effort tranchant est

$$\mathrm{R}'_\alpha = -3^{\mathrm{kg}},99.$$

Le signe — de cette valeur provient du signe de la quantité Z_α, qui représente une force appliquée à la voûte et provenant du massif de retombée situé à droite de la section normale de droite aux naissances. Cette force, dirigée de bas en haut, est négative, d'après les conventions du n° 6. Pour avoir les pressions ou tractions normales à l'intrados et à l'extrados à la clef, il faut faire, dans la formule (1) ci-dessus, $v = c$ pour l'intrados et $v = -c$ pour l'extrados. L'équation (2) donnera de même les valeurs de R aux naissances, en y faisant $v = c'$ pour l'intrados et $v = -c$ pour l'extrados. En employant les lettres e et i en exposant pour désigner l'extrados et l'intrados, on obtient, pour les valeurs de R,

$$R_0^i = -1039700^{kg}.$$
$$R_0^e = -758300^{kg},$$
$$R_\alpha^i = -1228000^{kg},$$
$$R_\alpha^e = 264000^{kg};$$

en prenant le centimètre carré pour unité, ces valeurs sont

$$R_0^i = -104^{kg},$$
$$R_0^e = -76^{kg},$$
$$R_\alpha^i = -123^{kg},$$
$$R_\alpha^e = -26^{kg}.$$

Les trois premières quantités sont des pressions, parce qu'elles sont affectées du signe —. Elles représentent, en effet, des forces appliquées à la partie de voûte située à gauche et provenant de la partie située à droite de chaque section normale. Or le signe —, d'après les conventions du n° 6, indique que les forces sont dirigées de droite à gauche ; donc il y a pression dans les points où R est négatif.

Les résultats qui précèdent sont la conséquence rigoureuse des hypothèses que nous avons faites pour établir notre théorie. Ainsi nous avons considéré la voûte comme un monolithe homogène lié invariablement à ses extrémités avec des massifs inébranlables et constituant une pièce prismatique telle que nous l'avons définie dans les n°s 1 et 3. Dans une pièce semblable, un déplacement relatif des sections normales, ayant pour effet d'augmenter l'écartement de certaines molécules, ferait naître des forces attractives entre ces molécules. Les valeurs positives de R auxquelles nous sommes parvenu, et qui représentent une traction, montrent que, dans une voûte construite avec les données prises pour exemple et satisfaisant à nos hypothèses, un pareil déplacement des sections normales se produirait nécessairement.

Mais il s'agit de savoir si une voûte construite dans les conditions ordinaires de la pratique se comporterait de la même manière que la voûte hypothétique ou d'une manière peu différente, ou si, au contraire, l'hypothèse se trouve trop éloignée de la réalité pour que la théorie précédente puisse être appliquée avec utilité.

Remarquons d'abord que l'existence d'une traction à l'extrados aux naissances dans la voûte théorique est confirmée dans l'expérience de la pratique, par l'ouverture qui se produit presque invariablement dans le joint en ce point pour les voûtes surbaissées comme celle que nous avons prise pour exemple. Cette ouverture rend manifeste, il est vrai, la différence qui existe entre les deux voûtes théorique et pratique. Les tractions développées dans les parties de la section normale aux naissances voisines de l'extrados, qui existent dans la première, sont supprimées dans la seconde; il en résulte que la répartition des forces dans cette section est évidemment différente dans les deux voûtes et que cette répartition est plus ou moins différente

aussi dans les autres sections normales. On pourrait atté-
nuer ces différences par certaines précautions qui permet-
traient à la maçonnerie voisine de l'extrados aux naissances
de résister à la traction : tel serait l'emploi d'un appareil
de pierre en queue d'aronde ou de crampons reliant les
pierres entre elles. Mais, sans avoir recours à d'autre procédé qu'à l'emploi des mortiers de ciment, dont la résistance à l'arrachement est presque égale à celle des pierres
dures, nous pensons que les différences dont nous venons
de parler ne seront jamais assez grandes pour que les pressions maxima, qui dans la voûte théorique auront été
trouvées égales à une petite fraction de la pression de rupture, se rapprochent assez de cette pression de rupture,
dans la voûte réelle, pour en compromettre la solidité.

Remarquons encore que l'application de la théorie précédente ne conduit pas toujours à des valeurs de R affectées du signe $+$ et représentant par suite des tractions.
Lorsque ces valeurs seront toutes négatives, il n'y aura pas
de motif pour supposer que la voûte pratique se comporte
autrement que la voûte théorique, et le problème jusqu'ici
indéterminé de la situation réelle de la courbe des pressions dans une voûte en maçonnerie devra être considéré
comme résolu.

Calcul d'un certain nombre de valeurs intermédiaires
de X, M, w, ainsi que de R^i et R^e.

Nous calculerons les cinq valeurs de ces quantités correspondant aux valeurs de ω, croissant de 3° en 3° depuis
3° jusqu'à 15°. Les calculs sont disposés dans le Tableau
suivant :

ω.	p_1.	p_2.	m_1.	$p_1 A'$.	$p_2 B'$.
1	2	3	4	5	6
$3°$	0,05236	0,0000239	0,001371	329500,0	5600,0
6	0,10472	0,000191	0,00548	660000,0	44760,0
9	0,15708	0,000645	0,01231	989000,0	151000,0
12	0,20944	0,00153	0,02185	1318000,0	358500,0
15	0,26180	0,00298	0,03407	1647000,0	698400,0

ω.	Z''.	$m_1 Q$.	$Q \cos \omega$.	$\sin \omega = p_1 - p_2$	$Z'' \sin \omega$.
	7	8	9	10	11
$3°$	335100,0	— 9860,0	—7186140,0	0,05234	17540,0
6	704760,0	— 39400,0	—7156600,0	0,10453	73640,0
9	1140000,0	— 88600,0	—7107400,0	0,15643	178300,0
12	1676500,0	—157400,0	—7038600,0	0,20791	348500,0
15	2145400,0	—245000,0	—6951000,0	0,25882	555000,0

ω.	X.	$m_1 r D$.	$m_3 \times 10^5$.	$m_4 \times 10^7$.
	12	13	14	15
$3°$	—7204000,0	— 324600,0	0,06263	0,0313
6	—7230000,0	—1297000,0	1,0	0,50
9	—7285000,0	—2915000,0	5,07	2,51
12	—7387000,0	—5172000,0	15,98	7,89
15	—7506000,0	—8070000,0	38,96	19,07

ω.	$m_3 r A'$.	$m_4 r B'$.	M.	$\omega' = -\dfrac{M}{X}$.
	16	17	18	19
$3°$	1636,0	19300,0	$+69000,0$	$+0,010$
6	16560,0	308200,0	$-630000,0$	$-0,087$
9	84000,0	1547000,0	$-1077000,0$	$-0,148$
12	264800,0	4865000,0	$-196000,0$	$-0,027$
15	645000,0	11760000,0	$+3420000,0$	$+0,456$

ω.	$\Omega = 8z$.	$\dfrac{X}{\Omega}$.	$3\omega'$.	z.
	20	21	22	23
$3°$	8,455	$-872000,0$	$+0,030$	1,032
6	9,016	$-802000,0$	$-0,261$	1,127
9	10,280	$-708000,0$	$-0,444$	1,285
12	12,048	$-613000,0$	$-0,081$	1,506
15	14,312	$-524000,0$	$+1,318$	1,789

ω.	$\dfrac{3\omega'}{\varepsilon}$.	$\dfrac{3\omega'}{\varepsilon}\dfrac{X}{\Omega}$.	$R^i = \dfrac{X}{\Omega}\left(1+\dfrac{3\omega'}{\varepsilon}\right)$ par centim. carré.	$R^e = \dfrac{X}{\Omega}\left(1-\dfrac{3\omega'}{\varepsilon}\right)$ par centim. carré.
	24	25	26	27
$3°$	$+0,02906$	$-24280,0$	$-89,63$	$-84,77$
6	$-0,2314$	$+185800,0$	$-61,62$	$-98,78$
9	$-0,3455$	$+244200,0$	$-46,38$	$-95,33$
12	$-0,6538$	$+32320,0$	$-58,07$	$-64,53$
15	$+1,7373$	$-400000,0$	$-92,40$	$-12,40$

Tous les calculs de ce Tableau ont été effectués avec une règle logarithmique.

La pression maximum par centimètre carré est donc de $122^{kg},8o$ et a lieu à l'intrados aux naissances.

Les pierres-marbres de Sampans (Jura) ne s'écrasent que sous une pression de 1075^{kg} par centimètre carré, et plusieurs granits ont une résistance plus grande encore. Il serait donc possible de construire avec ces matériaux une voûte stable ayant les dimensions de celle que nous avons prise pour exemple, à la condition de recevoir les retombées sur le rocher naturel ou sur des massifs de maçonnerie assez solidement établis pour en tenir lieu.

Exemple de l'application des Tables à une voûte d'épaisseur constante.

51. Prenons une voûte ayant même intrados que celle du numéro précédent et une épaisseur constante égale à la moyenne des épaisseurs de cette même voûte. Pour calculer cette épaisseur moyenne, on divisera l'aire de la section longitudinale de la voûte par la longueur de l'arc moyen. La demi-épaisseur variable ε de la voûte précédente étant exprimée en fonction de l'angle ω par l'équation

$$\varepsilon = e[1 + m(1 - \cos\omega)]$$

[*voir* les formules (3) et (4) du n° 33, (4) du n° 39 et (a) du n° 50], l'aire $\int_0^\alpha 2\varepsilon r\, d\omega$ de la demi-section longitudinale sera $2re[\alpha + m(\alpha - \sin\alpha)]$, et le quotient de cette quantité par la longueur $r\alpha$ de la moitié de l'arc moyen sera

$$2e\left(1 + m\,\frac{\alpha - \sin\alpha}{\alpha}\right).$$ La quantité m, égale à $\dfrac{\frac{e'}{e} - 1}{1 - \cos\alpha}$, a

pour valeur numérique 23,15; le rapport $\dfrac{\alpha - \sin z}{\alpha} = \dfrac{p_2}{p_1}$ est égal à 0,01444, et la quantité entre parenthèses est égale à 1,3343. La moyenne cherchée est donc égale à $2^{m},6686$. Elle est inférieure à 3,00, demi-somme des épaisseurs extrèmes e et e'. Lorsque l'angle z est petit comme dans le cas actuel, cette moyenne diffère très-peu de l'épaisseur à la clef augmentée du tiers de l'excès de l'épaisseur aux naissances sur l'épaisseur à la clef. En remplaçant m par sa valeur et remarquant que $\dfrac{z - \sin z}{z(1 - \cos z)}$ diffère très-peu de $\frac{1}{3}$, l'expression précédente devient égale à $2\left(e + \dfrac{e' - e}{3}\right)$, dont la valeur numérique est 2.666 ..... très-sensiblement égale à la précédente.

L'aire de la section longitudinale de la voûte diffère peu dans ce cas de celle de la figure ABCD (*fig.* 14), dans laquelle AB est la longueur de l'arc moyen; EF, l'ordonnée au milieu de AB, est égale à e; les ordonnées extrèmes AC, BD sont égales à e', et CFD est un arc de parabole dont le sommet est en F. On sait en effet que l'aire comprise entre le demi-arc FD, la tangente au sommet FG et l'ordonnée GD est égale au tiers du rectangle construit sur FG et GD.

Nous prendrons pour l'épaisseur constante de notre voûte le nombre entier de centimètres le plus rapproché de la valeur trouvée précédemment, savoir $2e = 2,67$.

L'épaisseur E_0, proportionnelle à la charge par mètre courant de longueur de l'arc moyen à la clef (n° 34), sera égale à $2^{m},67$, augmentés de $0^{m},30$, hauteur proportionnelle au poids de la chaussée et des parapets.

L'épaisseur analogue aux naissances, représentée par E_1, sera un peu inférieure à ce qu'elle était dans la voûte précédente, parce que le poids spécifique de la voûte proprement dite est supérieur à celui du reste de la construction.

Nous ferons donc $E_1 = 5,90$, au lieu de $6,00$.

Les calculs se disposeront de la manière suivante :

DONNÉES GÉOMÉTRIQUES.

Largeur du pont....................	$L' =$	$4^m,00$
Corde de l'arc d'intrados...........	$2\,l' =$	$152,00$
Flèche.............................	$f' =$	$12,30$
Épaisseur constante de la voûte......	$2\,e =$	$2,67$

DONNÉES DYNAMIQUES.

Poids du mètre cube de maçonnerie de la voûte. .	$\pi =$	2600^{kg}
Épaisseur proportionnelle à la charge à la clef...	$E_0 =$	$2^m,97$
Épaisseur proportionnelle à la charge aux naissances.	$E_1 =$	$5^m,90$

Calcul de r et α [formules (1) du n° 41].

$$\tan \frac{\alpha}{2} = \frac{f'}{l'} .$$

$$\log \tan \frac{\alpha}{2} \dots\dots\dots\dots\dots\dots\dots \quad \overline{1},20110$$

$$\frac{\alpha}{2} \dots\dots\dots\dots\dots\dots\dots\dots \quad 9°2'$$

$$\alpha \dots\dots\dots\dots\dots\dots\dots\dots\dots \quad 18°4'$$

$$r = \frac{l'}{\sin \alpha} + e'$$

$$\log \frac{l'}{\sin \alpha} \dots\dots\dots\dots\dots\dots\dots \quad 2,38928$$

$$\frac{l'}{\sin \alpha} \dots\dots\dots\dots\dots\dots\dots \quad 245,10$$

$$r \dots\dots\dots\dots\dots\dots\dots\dots\dots \quad 246,45$$

Calcul des coefficients A' *et* B' [*formules* (9) *du* n° 34].

$$A' = \pi L' r E_0.$$

$\log \pi L' r$ .... $6,40876$
$\log E_0$ .... $0,47276$
$\log A'$ .... $6,88152$
A' 7612000

$$B' = \pi L' r \frac{E_1 - E_0}{1 - \cos z}.$$

Pour $18°$, $m_1 = 1 - \cos z$ .... $0,04894$
Pour $4'$, $\frac{4}{60} \Delta m_1 = 0,067 \Delta m_1$ 37
m_1 .... $0,04931$

$\log \dfrac{E_1 - E_0}{m_1}$ .... $1,77393$

$\log \pi L' r$ .... $6,40876$
$\log B'$ .... $8,18269$
B' 152000000

Calcul de P [*formule* (10), n°ˢ 34 *et* 42].

$$P = - p_1 A' - p_2 B'.$$

Pour $18°$, p_1 (Table I) .... $0,31416$
Pour $4'$, $0,067 \Delta p_1$ 117
p_1 .... $0,31533$

$p_1 A'$ 2400000

Pour $18°$, p_2 .... $0,00514$
Pour $4'$, $0,067 \Delta p_2$ 6
p_2 .... $0,00520$

$p_2 B'$ 792000
P .... $- 3192000^{kg}$

Calcul de Q [*formules* (a) *et* (9) *du* n° **41**].

$$Q_1 = -A' + q_1 A' - q_2 B'.$$

Pour $18°$, q_1 (Table III)................	$0,01410$
Pour $4'$, $0,067 \Delta q_1$.....................	11
q_1.....................	$0,01421$
$q_1 A'$...	108200^{kg}
Pour $18°$, q_2....	$0,00688$
Pour $4'$, $0,67 \Delta q_2$...	5
q_2..........	$0,00693$
$q_2 B'$..........	1055000
Q_1.......................	-8558800^{kg}

$$Q = \frac{Q_1 - \dfrac{2}{3}\dfrac{e^2}{r^2}\left(q_3 A' + q_4 B'\right)}{1 + \dfrac{e^2}{r^2} q_5}.$$

q_3.......................	$1,17$
q_4.......................	$1,45$
q_5.......................	1643
$q_3 A'$.......................	1121000000
$q_4 B'$.......................	221000000
$q_3 A' + q_4 B'$.......................	1342000000
$\dfrac{e}{r}$.......................	$0,00548$
$\dfrac{e^2}{r^2}$.......................	$0,0000300^{3}$
$\dfrac{2}{3}\dfrac{e^2}{r^2}\left(q_3 A' + q_4 B'\right)$....	20020^{kg}
$\dfrac{e^2}{r^2} q_5$.......................	$0,0493$
Q.......................	-8178000^{kg}

Calcul de L. [*formule* (10) *du* n° **41** et (30) *du* n° **36**].

$$L = m_1 r D - m_3 r A' + m_4 r B' - l_1 r D + l_2 r A' - l_3 r B',$$

$$D = Q + A' = - 566000^{kg}.$$

$$rD \dots \dots \dots \qquad - 139200000^{kgm}$$

$$m_1 r D \dots \dots \qquad - 6860000$$

Pour 18°, m_3 (Table IV) . . . . $\qquad$ 0,000806
Pour 4', 0,067 Δm_3 . . . . $\qquad$ 13
____
m_3 . . . . $\qquad$ 0,000819

$r A'$ . . . . $\qquad$ 1875000000
$m^3 r A'$ . . . . $\qquad$ 1535000

Pour 18°, m_4 . . . . $\qquad$ 0,000391
Pour 4', 0,067 Δm_4 . . . . $\qquad$ 6
____
m_4 . . . . $\qquad$ 0,000397

$r B'$ . . . . $\qquad$ 37550000000
$m_4 r B'$ . . . . $\qquad$ 14900000

Pour 18°, l_1 . . . . $\qquad$ 0,01635
Pour 4', 0,067 Δl_1 . . . . $\qquad$ 12
____
l_1 . . . . $\qquad$ 0,01647

$l_1 r D$ . . . . $\qquad$ - 2293000

Pour 18°, l_2 . . . . $\qquad$ 0,0001616
Pour 4', 0,067 Δl_2 . . . . $\qquad$ 26
____
l_2 . . . . $\qquad$ 0,0001642

$l_2 r A'$ . . . . $\qquad$ 308000

Pour 18°, l_3 . . . . $\qquad$ 0,0000793
Pour 4', 0,067 Δl_3 . . . . $\qquad$ 13
____
l_3 . . . . $\qquad$ 0,0000806
$l_3 r B'$ . . . . $\qquad$ 3025000

La somme des trois derniers termes de l'expression de L est égale au moment M_0 dans la section à la clef [*voir* dans le § IV du numéro précédent la formule (b)]. On a donc

$$M_0 = -424\,000^{\text{kgm}},$$

et puis

$$L = 6\,081\,000^{\text{kgm}}.$$

Détermination de X, M, ⍵, R (*voir* le § IV du numéro précédent).

1° DANS LA SECTION NORMALE A LA CLEF.

$$X_0 = Q \ldots\ldots\ldots\ldots\ldots\ldots\ldots\ldots -8\,178\,000$$

$$\omega_0 = -\frac{M_0}{Q} \ldots\ldots\ldots\ldots\ldots\ldots\ldots -0^{\text{m}},052$$

Ainsi la courbe des pressions passe à $0^{\text{m}},052$ au-dessus du centre de la section normale à la clef, distance très-petite, eu égard à l'épaisseur $2^{\text{m}},67$ de cette section.

$$R_0 = \frac{Q}{\Omega}\left(1 + \frac{3\,\omega_0\,v}{c^2}\right),$$

$$v = +\,c \text{ à l'intrados,}$$

$$v = -\,c \text{ à l'extrados.}$$

$$R_0^i = \frac{Q}{\Omega}\left(1 + \frac{3\,\omega_0}{c}\right),$$

$$= \frac{Q}{\Omega}\left(1 - \frac{\omega_0}{c}\right).$$

$$\Omega = 2eL' \ldots\ldots\ldots\ldots\ldots\ldots\ldots 10,68$$

$$\frac{Q}{\Omega} \ldots\ldots\ldots\ldots\ldots\ldots\ldots -766\,000$$

$$\frac{3v'_0}{c} \dots\dots\dots\dots\dots\dots\dots\dots\dots\dots\dots \quad -0,1168$$

$$\frac{3v'_0}{c}\frac{Q}{\Omega} \dots\dots\dots\dots\dots\dots\dots\dots\dots \quad +89500$$

$$R^i_0 \dots\dots\dots\dots\dots\dots\dots\dots\dots\dots\dots\dots \quad -676500$$

$$R^e_0 \dots\dots\dots\dots\dots\dots\dots\dots\dots\dots\dots\dots \quad -855500$$

ou, en prenant le centimètre carré pour unité,

$$R^i_0 \dots\dots\dots\dots\dots\dots\dots\dots\dots\dots\dots\dots \quad -67^{kg},65$$

$$R^e_0 \dots\dots\dots\dots\dots\dots\dots\dots\dots\dots\dots\dots \quad -85^{kg},55$$

2° DANS LA SECTION NORMALE AUX NAISSANCES.

$$X_\alpha = Q\cos z + P\sin z.$$

$$m_1 Q \dots\dots\dots\dots\dots\dots\dots\dots\dots\dots \quad -403000$$

$$Q\cos z \dots\dots\dots\dots\dots\dots\dots\dots\dots\dots \quad -7775000$$

$$P\sin z = P(p_1 - p_2) \dots\dots\dots\dots\dots \quad -991000$$

$$X_z \dots\dots\dots\dots\dots\dots\dots\dots\dots\dots\dots \quad -8766000$$

$$v'_\alpha = -\frac{L}{X_\alpha} \dots\dots\dots\dots\dots\dots\dots\dots\dots \quad 0,693$$

$$R^i_\alpha = \frac{X_\alpha}{\Omega}\left(1 + \frac{3v'_\alpha}{c}\right),$$

$$R^e_\alpha = \frac{X_\alpha}{\Omega}\left(1 - \frac{3v'_\alpha}{c}\right).$$

$$\frac{X_\alpha}{\Omega} \dots\dots\dots\dots\dots\dots\dots\dots\dots\dots \quad -820400$$

$$\frac{3v'_\alpha}{c} \dots\dots\dots\dots\dots\dots\dots\dots\dots\dots \quad 1,49$$

$$\frac{3v'_\alpha}{c}\frac{X_\alpha}{\Omega} \dots\dots\dots\dots\dots\dots\dots\dots \quad -1222000$$

$$R^i_\alpha \dots\dots\dots\dots\dots\dots\dots\dots\dots\dots \quad -2042000^{kg}$$

$$R^e_\alpha \dots\dots\dots\dots\dots\dots\dots\dots\dots\dots \quad +402000^{kg}$$

ou, en prenant le centimètre carré pour unité,

$$R_\alpha^i \dots\dots\dots\dots\dots\dots\dots\dots\dots\dots\dots\dots \quad -\ 204^{kg},20$$
$$R_\alpha^e \dots\dots\dots\dots\dots\dots\dots\dots\dots\dots\dots\dots \quad +\ 40^{kg},20$$

3° DANS CINQ SECTIONS INTERMÉDIAIRES.

Les calculs sont disposés dans le Tableau suivant :

ω.	p_1.	p_2.	m_1.	$p_1 A'$.
1	2	3	4	5
$3°$	0,05236	0,0000239	0,001371	399000,0
6	0,10472	0,000191	0,00548	798000,0
9	0,15708	0,000645	0,01231	1196000,0
12	0,20944	0,00153	0,02185	1596000,0
15	0,26180	0,00298	0,03407	1995000,0

ω.	$p_2 B'$.	Z''.	$m_1 Q$.	$Q \cos\omega$.
6	7	8	9	
$3°$	3640,0	402640,0	$-$ 11230,0	$-$8166170,0
6	29100,0	827100,0	$-$ 44850,0	$-$8133150,0
9	98300,0	1294300,0	$-$100800,0	$-$8077200,0
12	233000,0	1829000,0	$-$178600,0	$-$7999400,0
15	454000,0	2449000,0	$-$278700,0	$-$7899300,0

ω.	$\sin\omega = p_1 - p_2$	$Z'' \sin\omega$.	X.	$m_1 r D$.
10	11	12	13	
$3°$	0,05234	21080,0	$-$8187250,0	190800,0
6	0,10453	86500,0	$-$8219650,0	763000,0
9	0,15643	202300,0	$-$8279500,0	1714000,0
12	0,20791	380500,0	$-$8379900,0	3080000,0
15	0,25882	631600,0	$-$8530900,0	4740000,0

ω.	$m_3 \times 10^5$.	$m_4 \times 10^5$.	$m_3\, r\, A'$.	$m_4\, r\, B'$.
	14	15	16	17
$3°$	0,06263	0,0313	1175,0	11750,0
6	1,0	0,50	18750,0	187750,0
9	5,07	2,51	95100,0	942000,0
12	15,98	7,89	299800,0	2960000,0
15	38,96	19,07	730600,0	7160000,0

ω.	M.	$w=-\dfrac{M}{X}$.	$\dfrac{X}{\Omega}$.	$\dfrac{3w}{e}$.
	18	19	20	21
$3°$	— 604230,0	—0,074	—760000,0	—0,166
6	—1018000,0	—0,124	—769000,0	—0,279
9	—1291000,0	—0,156	—775000,0	—0,351
12	— 844000,0	—0,101	—784000,0	—0,227
15	+1265000,0	+0,148	—798000,0	+0,333

ω.	$\dfrac{3w}{e}\,\dfrac{X}{\Omega}$.	$R^i=\dfrac{X}{\Omega}\left(1+\dfrac{3w}{e}\right)$ par centim. carré.	$R^e=\dfrac{X}{\Omega}\left(1-\dfrac{3w}{e}\right)$ par centim. carré.
	22	23	24
$3°$	+127200,0	— 63,88	— 89,32
6	+214500,0	— 55,44	— 98,35
9	+272000,0	— 50,30	—104,7
12	+178000,0	— 60,60	— 96,2
15	— 266000,0	—106,40	— 53,2

CHAPITRE IV.

PIÈCES DE FORME QUELCONQUE.

§ I. — Détermination de P, Q, L.

52. Reportons-nous au commencement du Chapitre II; supposons que, toutes les autres conditions indiquées au n° 25 étant d'ailleurs satisfaites, la fibre moyenne de la pièce, au lieu d'être un arc de cercle, soit une courbe plane quelconque, mais symétrique par rapport à la verticale Oz (*fig.* 15), et supposons que la ligne AOB représente cette courbe. Soit m un de ses points, centre de la section normale GH. Au lieu de rapporter ce point m à un système de coordonnées polaires qui, dans le cas d'une fibre moyenne circulaire, avait l'avantage de simplifier les calculs, nous conserverons les coordonnées rectilignes x et z, rapportées à l'horizontale Ox et à la verticale Oz du sommet de la courbe. Soient $x = a$, $z = f$ les coordonnées du point B, centre de la section normale à l'extrémité droite de la pièce; le moment M par rapport au point m de la résultante de toutes les forces appliquées à la pièce à droite de la section GH est

$$(b) \qquad M = M' + L + P(a - x) - Q(f - z).$$

Mettons cette valeur dans la première équation (2) du n° 25, et nous aurons

$$(1) \qquad d\delta q = \frac{M'}{EI}\,ds + (L + aP - fQ)\frac{ds}{EI} - \frac{Px}{EI}\,ds + \frac{Qz}{EI}\,ds.$$

Multiplions par E et intégrons depuis le point A jusqu'au point m, c'est-à-dire depuis $x = -a$ jusqu'à $x = x$; nous aurons, en supposant ∂q nul au point A,

$$E\,\partial q = \int_{-a}^{x} \frac{M'}{I}\,ds + A \int_{-a}^{x} \frac{ds}{I} - P \int_{-a}^{x} \frac{x}{I}\,ds + Q \int_{-a}^{x} \frac{z}{I}\,ds.$$

dans laquelle

$$(a) \qquad A = L + aP - fQ.$$

Multiplions par E les deux dernières formules (2), et remplaçons-y $E\,\partial q$ par sa valeur précédente; elles deviendront

$$(2)\quad E\,d\partial x = -\,dz \int_{-a}^{x} \frac{M'}{I}\,ds - A\,dz \int_{-a}^{x} \frac{ds}{I} + P\,dz \int_{-a}^{x} \frac{x}{I}\,ds \quad Q\,dz \int_{-a}^{x} \frac{z}{I}\,ds.$$

$$(3)\quad E\,d\partial z = dx \int_{-a}^{x} \frac{M'}{I}\,ds + A\,dx \int_{-a}^{x} \frac{ds}{I} - P\,dx \int_{-a}^{x} \frac{x}{I}\,ds + Q\,dx \int_{-a}^{x} \frac{z}{I}\,ds.$$

Intégrons maintenant les trois équations (1), (2) et (3) qui précèdent, depuis $x = -a$ jusqu'à $x = a$, et supposons que les valeurs de ∂q, ∂x et ∂z soient toutes nulles aux extrémités A et B; nous aurons

$$(4)\ \left\{ \begin{aligned}
& \int_{-a}^{a} \frac{M'}{I}\,ds + A \int_{-a}^{a} \frac{ds}{I} - P \int_{-a}^{a} \frac{x}{I}\,ds + Q \int_{-a}^{a} \frac{z}{I}\,ds = 0, \\[2ex]
& -\int_{-a}^{a} dz \int_{-a}^{x} \frac{M'}{I}\,ds - A \int_{-a}^{a} dz \int_{-a}^{x} \frac{ds}{I} + P \int_{-a}^{a} dz \int_{-a}^{x} \frac{x}{I}\,ds \\[1ex]
& \hspace{10em} - Q \int_{-a}^{a} dz \int_{-a}^{x} \frac{z}{I}\,ds = 0, \\[2ex]
& \int_{-a}^{a} dx \int_{-a}^{x} \frac{M'}{I}\,ds + A \int_{-a}^{a} dx \int_{-a}^{x} \frac{ds}{I} - P \int_{-a}^{a} dx \int_{-a}^{x} \frac{x}{I}\,ds \\[1ex]
& \hspace{10em} + Q \int_{-a}^{a} dx \int_{-a}^{x} \frac{z}{I}\,ds = 0.
\end{aligned} \right.$$

Les intégrales doubles des deux dernières équations peuvent être ramenées à des intégrales simples au moyen de l'intégration par parties, qui donne les résultats suivants :

$$
\begin{aligned}
&\int_{-a}^{a} dz \int_{-a}^{a} \frac{M'}{I}\, ds = \int_{-a}^{a} \frac{M'(f-z)}{I}\, ds. \\[1ex]
&\int_{-a}^{a} dz \int_{-a}^{a} \frac{ds}{I} = \int_{-a}^{a} \frac{f-z}{I}\, ds, \\[1ex]
&\int_{-a}^{a} dz \int_{-a}^{a} \frac{x}{I}\, ds = \int_{-a}^{a} \frac{x(f-z)}{I}\, ds, \\[1ex]
&\int_{-a}^{a} dz \int_{-a}^{a} \frac{z}{I}\, ds = \int_{-a}^{a} \frac{z(f-z)}{I}\, ds, \\[1ex]
&\int_{-a}^{a} dx \int_{-a}^{a} \frac{M'}{I}\, ds = \int_{-a}^{a} \frac{M'(a-x)}{I}\, ds, \\[1ex]
&\int_{-a}^{a} dx \int_{-a}^{a} \frac{ds}{I} = \int_{-a}^{a} \frac{a-x}{I}\, ds, \\[1ex]
&\int_{-a}^{a} dx \int_{-a}^{a} \frac{x}{I}\, ds = \int_{-a}^{a} \frac{x(a-x)}{I}\, ds, \\[1ex]
&\int_{-a}^{a} dx \int_{-a}^{a} \frac{z}{I}\, ds = \int_{-a}^{a} \frac{z(a-x)}{I}\, ds.
\end{aligned}
\tag{5}
$$

Posons, pour abréger.

$$
\left\{
\begin{aligned}
&\int_{-a}^{a} \frac{M'}{I}\, ds = m_0, \\[1ex]
&\int_{-a}^{a} \frac{M'x}{I}\, ds = m_2, \\[1ex]
&\int_{-a}^{a} \frac{M'z}{I}\, ds = m_1,
\end{aligned}
\right.
\tag{f}
$$

$$(f) \ [\text{Suite.}] \quad \left\{ \begin{aligned} &\int_{-a}^{a} \frac{ds}{\mathrm{I}} = z_0, \\[1em] &\int_{-a}^{a} \frac{z}{\mathrm{I}}\, ds = z_1, \\[1em] &\int_{-a}^{a} \frac{x^2}{\mathrm{I}}\, ds = x_2, \\[1em] &\int_{-a}^{a} \frac{z^2}{\mathrm{I}}\, ds = z_2. \end{aligned} \right.$$

Désignons par S_1, S_2, S_3, ... S_8 les premiers membres des équations (5), et remarquons que les termes sous le signe $\int$ qui contiennent en facteur la première puissance de x sans contenir M' ont une intégrale·nulle comme composée d'éléments égaux deux à deux et de signes contraires, correspondant à deux points symétriques ayant pour abscisses x et $-x$; nous aurons

$$\begin{aligned} S_1 &= m_0 f - m_1, \\ S_2 &= z_0 f - z_1, \\ S_3 &= 0, \\ S_4 &= z_1 f - z_2, \\ S_5 &= a m_0 - m_2, \\ S_6 &= a z_0, \\ S_7 &= - x_2, \\ S_8 &= a z_1. \end{aligned}$$

A l'aide de ces valeurs, les équations (4) deviennent

$$(6) \quad \left\{ \begin{aligned} &\mathrm{A}\, z_0 + \mathrm{Q}\, z_1 + m_0 = 0, \\ &\mathrm{A}\,(z_1 - z_0 f) + \mathrm{Q}\,(z_2 - z_1 f) + m_1 - m_0 f = 0, \\ &\mathrm{A}\, a\, z_0 + \mathrm{Q}\, a\, z_1 + \mathrm{P}\, x_2 + a m_0 - m_2 = 0. \end{aligned} \right.$$

10

On tire des deux premières, qui ne renferment pas P explicitement,

$$(b') \qquad A = L + aP - Qf = \frac{z_1 m_1 - z_2 m_0}{z_0 z_2 - z_1^2},$$

$$(7) \qquad Q = \frac{m_0 z_1 - z_0 m_1}{z_0 z_2 - z_1^2},$$

et, en remplaçant dans la troisième A et Q par ces valeurs, on en tire

$$(8) \qquad P = \frac{m_2}{x_2},$$

et la seconde équation (b') donne

$$(9) \qquad L = Qf - aP + \frac{z_1 m_1 - z_2 m_0}{z_0 z_2 - z_1^2}.$$

La valeur de P, donnée par l'équation (8), se réduit, dans le cas de la symétrie des charges, à la demi-somme de ces charges. La démonstration est la même que celle du n° 30.

En effet, la valeur de m_2 est celle de $\int_{-a}^{a} \frac{M'x}{I}\, ds$; celle de M' est $M' = (g - x) Z'$, Z' étant la résultante des forces appliquées à la partie mB de la pièce (*fig.* 7), g sa distance à la verticale du sommet, et M' le moment de cette résultante par rapport au point m. En désignant par Z″ et M″, comme au n° 30, les quantités analogues relatives au point m', symétrique du point m et par 2Π le poids total de la pièce et des charges qu'elle supporte, on a

$$Z' + Z'' = 2\Pi,$$
$$M'' = (g + x) Z' + 2 (\Pi - Z') x.$$

La somme des deux éléments de l'intégrale m_2, correspondant aux deux points m et m', qui ont pour coordonnées x et $-x$, est donc

$$\frac{M' - M''}{I} \, x \, ds = -\frac{2\,\Pi}{I} \, x^2 \, ds,$$

et, en intégrant cette expression seulement depuis $x = 0$ jusqu'à $x = a$, on formera évidemment l'intégrale m_2. Or,

$$\int_0^a \frac{x^2}{I} \, ds = \tfrac{1}{2} \int_{-a}^a \frac{x^2}{I} \, ds = \tfrac{1}{2} x_2.$$

Il en résulte

$$m_2 = -\Pi.x_2,$$

et par conséquent

$$P = -\Pi.$$

Ce résultat donne lieu aux mêmes observations que celui du n° 30.

En éliminant m_1 entre les équations (7) et (9), on obtient

$$(10) \qquad L = Qf - aP - Q\frac{z_1}{z_0} - \frac{m_0}{z_0}.$$

Si l'on voulait tenir compte, dans le calcul de P, Q, L, des termes en X et Z des deux dernières équations (1) du n° 25, il faudrait remarquer que ces deux composantes normale et parallèle à la section normale en m $\left(\text{le cosinus de l'angle de la tangente à la courbe avec l'axe des } x \text{ étant } \frac{dx}{ds} \text{ et le sinus du même angle } \frac{dz}{ds}\right)$ sont exprimées par les équations suivantes :

$$(a) \qquad \left\{ \begin{aligned} X &= Q\frac{dx}{ds} - Z''\frac{dz}{ds}, \\ Z &= -Q\frac{dz}{ds} - Z''\frac{dx}{ds}, \end{aligned} \right.$$

Z'' étant le poids de la partie de la pièce et de sa charge située entre le milieu O et le point m (*fig.* 15). Substituant ces valeurs dans la deuxième équation (1) et intégrant depuis $x = -a$ jusqu'à $x = a$, on obtient, en désignant par Θ les termes complémentaires de cette équation,

$$(B) \quad \Theta = \int_{-a}^{a} \left(\frac{Q}{\Omega} \frac{dx}{ds} - \frac{Z''}{\Omega} \frac{dz}{ds} + E\tau \right) dx + \int_{-a}^{a} \left(\frac{Q}{\Omega} \frac{dz}{ds} + \frac{Z''}{\Omega} \frac{dx}{ds} \right) \frac{E}{G} dz.$$

Cette expression est de la forme

$$(A) \qquad\qquad mQ + n + 2a E\tau$$

et doit être ajoutée au premier membre de la seconde des équations (6), qui, combinée avec la première, donnera pour Q une valeur différant de la valeur (7) par le changement de z_2 en $z_2 + m$ et celui de m_1 en $m_1 + n + 2a E\tau$, savoir

$$(d) \qquad Q = \frac{m_1 - m_0 \dfrac{z_1}{z_0} + n + 2a E\tau}{\dfrac{z_1^2}{z_0} - z_2 - m}.$$

Or chacune des quantités m et n est petite par rapport à $z_2 - \dfrac{z_1^2}{z_0}$ et à $m_1 - m_0 \dfrac{z_1}{z_0}$. Pour le reconnaître, il faut faire une hypothèse sur la forme de la fibre moyenne AmB. Supposons donc que la courbe OmB soit un arc de parabole, et que l'axe Ox soit la tangente au sommet O. Son équation sera

$$z = \frac{x^2}{2p},$$

dans laquelle

$$p = \frac{a^2}{2f}.$$

Supposons en outre que la charge par mètre courant de

l'abscisse soit une quantité constante $\dfrac{\Pi}{a}$. Le moment M', qui entre dans l'intégrale m_1. est donné par l'équation [*voir* formule (14), n° 35]

$$(g) \qquad M' = M''_a - M'' - (\Pi - Z'')x.$$

La charge par mètre courant d'abscisse étant égale à la constante $\dfrac{\Pi}{a}$, les quantités M''_a, M'' et Z'' seront

$$M''_a = \frac{\Pi a}{2},$$

$$Z'' = \frac{\Pi x}{a},$$

$$M'' = \frac{\Pi x^2}{2a};$$

il en résulte

$$M' = \frac{\Pi(a-x)^2}{2a},$$

équation qu'on aurait pu écrire immédiatement, sachant que M' est le moment par rapport au point m (*fig.* 15), ayant pour abscisse x, de la charge de la partie mB de la pièce. Multiplions par $\dfrac{ds}{I}$ et intégrons depuis $x = -a$ jusqu'à $x = a$; nous aurons, en supposant I constant et ds égal à dx,

$$m_0 = \frac{4}{3}\frac{\Pi a^2}{I}.$$

Multiplions ensuite M' par $\dfrac{z\,ds}{I}$ et intégrons entre les mêmes limites; nous aurons

$$m_1 = \frac{4}{15}\frac{\Pi a^4}{pI}.$$

Les valeurs de z_0, z_1 et z_2 que l'on obtient de même sont

$$z_0 = \frac{2a}{1},$$

$$z_1 = \frac{a^3}{3p1},$$

$$z_2 = \frac{a^5}{10p^2 1}.$$

Il en résulte

$$(e)\quad\begin{cases} m_1 - m_0\dfrac{z_1}{z_0} = \dfrac{2}{45}\dfrac{\Pi a^4}{p1} = N, \\[2mm] \dfrac{z_1^2}{z_0} - z_2 = \dfrac{2}{45}\dfrac{a^5}{p^2 1} = M, \end{cases}$$

les lettres N et M étant employées pour abréger.

Les valeurs de m et n, calculées dans les mêmes hypothèses, sont

$$n = \frac{4}{3}\frac{\Pi a^2}{p\Omega},$$

$$m = \frac{2a}{\Omega}.$$

On en conclut, pour la valeur absolue des rapports $\dfrac{n}{N}$, $\dfrac{m}{M}$,

$$\frac{n}{N} = 30\frac{\rho^2}{a^2},$$

$$\frac{m}{M} = \frac{45}{4}\frac{\rho^2}{f^2},$$

la lettre ρ désignant le rayon de gyration de l'aire de la section normale, dont le carré est $\dfrac{I}{\Omega}$. Les valeurs numériques de ces deux rapports dans le cas traité au n° 51, où la valeur de ρ est égale à $0,77$, sont

$$\frac{n}{N} = 0,003,$$

$$\frac{m}{M} = 0,044.$$

Ainsi se trouve confirmée de nouveau l'observation que nous avons faite plusieurs fois sur la faible importance des termes en X et Z des équations (1) du n° **25**. Nous en ferons donc abstraction, en sorte que nous prendrons l'équation (d) pour représenter la valeur exacte de Q ([1]).

Les valeurs (e) de M et N donnent, τ étant supposé nul,

$$(c) \qquad Q = -\frac{p}{a}\,H = -\frac{a}{2f}\,H,$$

formule identique à celle qui donne la tension horizontale des câbles dans les ponts suspendus. Le moment L donné par l'équation (10) est nul, et il en est de même de la valeur (b) de M, qui est constamment nulle, en sorte que la courbe des pressions passe par le centre de toutes les sections normales, puisque $w = -\dfrac{M}{X}$ est constamment nul.

§ II. — Usage de l'épure de Méry.

Laissons de côté les hypothèses particulières qui précèdent, et cherchons, pour le cas général dont il s'agit dans ce Chapitre, à déterminer les intégrales qui entrent dans les valeurs de Q et L, après quoi nous déterminerons

---

([1]) *Voir* les n°ˢ 60 et suivants.

la composante normale X de la résultante des forces appliquées à une section quelconque, le moment M de cette résultante par rapport au centre de la section et la distance, $w = -\dfrac{M}{X}$, de la courbe des pressions à ce centre, distance qui servira à déterminer ensuite les valeurs de la pression ou traction normale par unité de surface $R = \dfrac{X}{\Omega}\left(1 + \dfrac{av}{\rho^2}\right)$ en un point situé à la distance v du centre de la section, cette distance étant comptée positivement dans le sens mG (*fig.* 15).

La valeur de X est donnée par la première équation (a), page 147. La quantité Z'' s'obtiendra graphiquement au moyen de l'épure de Méry. Cette épure est une coupe longitudinale de la pièce par le plan de la fibre moyenne. On y trace cette courbe, que l'on partage en un certain nombre de parties, et par les points de division on lui mène des normales. Soit m (*fig.* 15) l'un des points de division ; on porte sur la normale des longueurs égales mH, mG telles que le produit de GH par ds soit proportionnel à la charge appliquée à l'élément ds. On obtiendra ainsi pour le lieu des points G et H des arcs tels que KGD, LHF.

Cela posé, la quantité Z'' correspondant au point m sera mesurée par l'aire KGHL, comprise entre la normale à la clef et la normale en m. On formera le Tableau de ces valeurs pour tous les points de division m de la courbe.

Remplaçons, dans les expressions (f) de m_0 et m_1, M′ par sa valeur (g) ; posons

$$\mu_0 = \int_{-a}^{a} \frac{Z'' x - M''}{I}\, ds,$$

$$\mu_1 = \int_{-a}^{a} \frac{Z'' x - M''}{I}\, z\, ds,$$

et nous aurons

$$m_0 = M''_a z_0 + \mu_0,$$
$$m_1 = M''_a z_1 + \mu_1.$$

Mettons ces valeurs dans les expressions de Q et L [formules (7) et (10)]; nous obtiendrons

$$(11) \quad \begin{cases} Q = \dfrac{\mu_1 - \mu_0 \dfrac{z_1}{z_0} + 2\,a\,\mathrm{E}\tau}{\dfrac{z_1^2}{z_0} - z_2}, \\[4ex] L = - M''_a - P\,a + Q\,f - Q\dfrac{z_1}{z_0} - \dfrac{\mu_0}{z_0}. \end{cases}$$

La valeur de M est donnée par l'équation (b); remplaçons-y L par la valeur précédente, M' par sa valeur (g), et il viendra

$$(12) \qquad M = - M'' + Z''\,x + Q\,z - Q\dfrac{z_1}{z_0} - \dfrac{\mu_0}{z_0}.$$

En faisant $x = 0$ dans cette dernière équation, on obtient, pour la valeur M_0 du moment M dans la section normale à la clef,

$$(h) \qquad M_0 = - Q\dfrac{z_1}{z_0} - \dfrac{\mu_0}{z_0}.$$

En y faisant $x = a$, on retombe sur la valeur (11) du moment M, désignée par L dans la section normale aux naissances.

L'épure de Méry servira à déterminer les valeurs de M'', moment de l'aire KGHL par rapport au point O. Ce moment est égal à la somme des moments par rapport au même point des différentes parties de la pièce.

La même épure fournira les éléments des intégrales μ_0, μ_1 qui entrent dans les expressions (11). A l'aide de ces éléments, on calculera les intégrales par la formule de Thomas Simpson, indiquée au n° 49. Ces intégrales sont au nombre de cinq. Leurs moitiés, que l'on obtient en remplaçant la limite inférieure $x = -a$ par $x = o$, peuvent leur être substituées, conformément à l'observation du n° 39. Conservons les mêmes lettres z_0, z_1, ... pour représenter ces moitiés, et nous aurons

$$z_0 = \int_o^a \frac{ds}{I},$$

$$z_1 = \int_o^a \frac{z}{I}\, ds,$$

$$z_2 = \int_o^a \frac{z^2}{I}\, ds,$$

$$\mu_0 = \int_o^a \frac{Z'' x - M''}{I}\, ds,$$

$$\mu_1 = \int_o^a \frac{Z'' x - M''}{I}\, z\, ds,$$

§ III. — Exemple de l'application de la méthode précédente.

Appliquons la méthode que nous venons d'indiquer à la voûte qui nous a déjà servi d'exemple dans le n° 50.

Les données qui serviront à tracer l'épure de Méry sont les suivantes :

Corde de l'arc d'intrados. . . . . $2l' = 152^{\mathrm{m}},00$
Flèche de l'arc d'intrados. . . . . $f' = 12,30$
Épaisseur de la voûte à la clef. . . . . $2c = 2,00$
Épaisseur de la voûte aux naissances. . . . . $2e' = 4,00$
Épaisseur proportionnelle à la charge à la clef. . . $E_0 = 2,30$
Épaisseur proportionnelle à la charge aux naissances $E_1 = 6,00$

Les opérations numériques effectuées dans le n° 50 seront remplacées en partie ici par des opérations graphiques. Traçons sur l'épure (*fig.* 12), à l'échelle de $0,005 = \frac{1}{200}$, les courbes d'intrados, d'extrados et de fibre moyenne. Ces courbes sont ici des arcs de cercle, mais pourraient avoir une forme quelconque, anse de panier, ellipse, etc., sans qu'il y eût rien de changé dans la méthode. Traçons ensuite la courbe limitant les épaisseurs proportionnelles aux charges; soit AB cette courbe. Menons aux points 2, 3, 4, 5 et 6 de la fibre moyenne les normales dont les angles avec la verticale croissent de 3° en 3°. Nous adoptons cette division, qui nous a déjà servi dans l'application du n° 50 et qui correspond à des valeurs de la variable s, qui est la longueur de l'arc, croissant en progression arithmétique, ainsi que l'exige l'application de la formule de Thomas Simpson. Si la fibre moyenne n'était pas un arc de cercle, il faudrait donc partager la courbe en arcs de longueur constante, en sorte que les angles des normales aux points de division avec la verticale croîtraient de quantités inégales. Mesurons les longueurs des normales comprises entre l'arc d'intrados et la courbe AB, et inscrivons-les dans la deuxième colonne du Tableau ci-après.

Dans ce Tableau, les nombres de la colonne 6 doivent être multipliés par 10400 pour représenter des kilogrammes. Ce nombre est le produit de la largeur du pont $L' = 4^m,00$ par le poids $\pi = 2600^{kg}$ du mètre cube de maçonnerie. Le dernier nombre de la colonne 6, qui représente le poids $\Pi = Z''_\alpha$ de la moitié de la construction, est

$$\Pi = - P = 2970000^{kg}.$$

Les nombres de la colonne 7 sont les bras de levier γ des poids $\Delta Z''$ mesurés sur l'épure.

La valeur de Q déduite des valeurs de μ_0, μ_1, z_0, z_1, z_2 obtenues à l'aide du Tableau doit être multipliée par le même facteur 10400, pour exprimer des kilogrammes ; cette valeur est

$$Q = -7784000^{kg}.$$

Nous avions trouvé, pour la partie principale de la poussée, la seule qui entre dans la valeur précédente,

$$Q_1 = -7732510^{kg}.$$

Ainsi la nouvelle méthode donne un résultat très-peu différent de celui que donne la première.

Calcul de L.

$$L = -M_a'' - Pa + Qf + M_0,$$

$$M_0 = -Q\frac{z_1}{z_0} - \frac{\mu_0}{z_0}.$$

$Q\dfrac{z_1}{z_0}$	$-1571,6$
$\dfrac{\mu_0}{z_0}$	$1456,0$
M_0	$115,6$
$-M_a''-Pa =$ le dernier nombre de la col. 22.	9032
Qf	-8540
L	607

et, en multipliant par 10400,

$$L = 6314000^{ksm}.$$

Nous avions trouvé pour L (§ III du n° 50)

$$L = 7959300^{kg}.$$

Le nouveau résultat en diffère assez sensiblement; mais il a été obtenu avec la valeur principale de Q, et nous avions effectué les calculs du n° 50 avec la valeur complète de Q. Du reste, une différence semblable dans la valeur de L n'a pas une grande importance pour les valeurs de R, ainsi qu'on le reconnaît aisément dans le cas actuel [1]. La valeur M_0 du moment M à la clef est, en kilogrammètres,

$$M_0 = 1\,202\,000^{\text{kgm}}.$$

Les valeurs de la composante normale X sont données par la première équation (a), page 147. Nous les déterminerons graphiquement par le procédé suivant. Traçons à l'échelle de $\frac{1}{2}$ millimètre pour une unité une horizontale AB $(fig.\ 13)$, égale à $Q = 748$. Élevons à l'extrémité B une perpendiculaire BC à cette droite, égale à $P = 285,7$. Portons sur cette perpendiculaire des longueurs B1, B2, B3, ... B6 égales aux valeurs de Z'' inscrites dans la colonne 6 du Tableau suivant. Les projections des longueurs A1, A2, A3, ... A6, AC sur les directions des tangentes à la fibre moyenne aux divers points de division de cette courbe seront les valeurs cherchées de X. Pour effectuer ces projections, menons par un point quelconque D le faisceau des parallèles aux tangentes. Menons par le point A des perpendiculaires à ces droites, et par chacun des points de division de BC abaissons une perpendiculaire sur la parallèle portant le même numéro que ce point de division. Il ne restera plus qu'à mesurer sur chaque droite du faisceau D les distances des pieds des deux perpendiculaires qui lui ont été menées.

Les valeurs numériques ainsi obtenues pour X sont in

---

[1] Il n'en est pas toujours de même. *Voir* les n°⁵ 60 et suivants.

scrites dans la colonne 27 du Tableau. Celles de M données par la formule (12) sont inscrites dans la colonne 29 : ce sont les différences des nombres des colonnes 22 et 28, augmentées de la quantité constante $M_0 = 115,6$. Les colonnes suivantes renferment les calculs relatifs à la détermination de w et R. Les valeurs de cette dernière quantité qui correspondent à l'intrados sont inscrites dans la colonne 35, et celles qui correspondent à l'extrados dans la colonne 36. Ces valeurs doivent être multipliées par deux coefficients pour représenter des kilogrammes. L'un de ces coefficients est le nombre 10400, par lequel doivent être multipliées les valeurs de X (colonne 17) pour exprimer des kilogrammes, et l'autre est la quantité $2L'$, par laquelle il faut multiplier la demi-épaisseur de voûte ε pour obtenir l'aire Ω de la section normale. Ce dernier coefficient doit être pris comme diviseur, en sorte que le coefficient définitif des colonnes 35 et 36 doit être

$$\frac{10400}{2\,L'} = \frac{10400}{8} = 1300.$$

Enfin, en prenant un coefficient dix mille fois moindre, c'est-à-dire $0,13$, les produits obtenus représenteront des pressions ou tractions par centimètre carré. Ces produits sont inscrits dans les colonnes 37 et 38.

La construction de la courbe des pressions, effectuée par la méthode exclusivement graphique de Méry, n'a d'autre but que de déterminer les distances w de la courbe au centre de chaque section. Or, il est plus exact de déterminer ces quantités par la formule $w = -\dfrac{M}{X}$, car, à moins de tracer l'épure à une très-grande échelle, l'épaisseur de la voûte est toujours représentée par une petite longueur; or il est évident que plus cette longueur est petite, plus sont importantes les erreurs matérielles des opérations graphiques dans le tracé de la courbe des pressions. Les valeurs de la quantité $w = -\dfrac{M}{X}$ se calculent d'autant plus rapidement que celles de M n'exigent que le calcul des produits Qz (colonne 28), car M_0 est une constante et la quantité $Z''x - M''$ a été calculée pour servir à la détermination de Q. Quant aux valeurs de X, elles ont été déterminées graphiquement, comme nous l'avons indiqué plus haut.

Il convient de remarquer que les valeurs des coordonnées x et z, qui entrent dans les calculs du Tableau, sont généralement connues *a priori* sans qu'il soit nécessaire de les relever sur l'épure, car, pour tracer avec précision la courbe de fibre moyenne, surtout à une grande échelle, on déterminera le plus souvent la position exacte d'un certain nombre de ses points par le calcul de leurs coordonnées.

Tableau des calculs des ordonnées y des courbes dont les aires représentent les intégrales z_0, z_1, z_2, μ_0, μ_1.

(Les éléments qui entrent dans ces calculs sont relevés sur l'épure de Méry, et les aires évaluées par la formule de Thomas Simpson.)

NUMÉROS d'ordre.	E.	$E + \dfrac{\Delta E}{2}$.	Δs.	$\Delta Z''$.	Z''.	y.	x.	z.	$\Delta M''$.	M''.
1	2	3	4	5	6	7	8	9	10	11
0	2,30	2,37	6,90	16,35	0,00	3,45	0,00	0,00	56,4	0,0
1	2,44	2,49	6,90	17,17	16,35	10,40	6,90	0,10	178,5	56,4
2	2,54	2,72	13,80	37,53	33,52	20,74	13,74	0,40	777,0	234,9
3	2,90	3,23	13,80	44,56	71,05	34,50	27,56	1,50	1536,0	1011,9
4	3,56	3,93	13,80	54,20	115,61	48,05	41,24	3,36	2600,0	2547,9
5	4,30	4,83	13,80	66,60	169,81	61,60	54,80	5,84	4100,0	5147,9
6	5,36	5,68	8,68	49,30	236,41	72,40	68,20	9,10	3570,0	9247,9
7	6,00				285,71		76,56	11,40		12817,9

Tableau des calculs des ordonnées y des courbes dont les aires représentent les intégrales z_0, z_1, z_2, μ_0, μ_1. (Suite.)

(Les éléments qui entrent dans ces calculs sont relevés sur l'épure de Méry, et les aires évaluées par la formule de Thomas Simpson.)

NUMÉROS d'ordre.	ε.	ε^3.	$\dfrac{1}{\varepsilon^3}$.		AIRES Σ pour z_0.	z_0	$\dfrac{z}{\varepsilon^3}$.	AIRES Σ pour z_1.	z_1	$\dfrac{z^2}{\varepsilon^3}$.	AIRES Σ pour z_2.	z_2
	12	13	14	15	16	17	18	19	20	21	22	23
0	1,00	1,00	1,00				0,0			0,0		
1	1,01	1,03	0,97	$\dfrac{\Delta s}{3} = 2,30$	$\Sigma = 13,34$		0,097	$\Sigma = 1,74$		0,010	$\Sigma = 0,42$	
2	1,03	1,09	0,92				0,368			0,147		
3	1,13	1,443	0,693				1,039			1,558		
4	1,29	2,146	0,466	$\dfrac{\Delta s}{3} = 4,60$	$\Sigma = 27,42$	$z_0 = 42,04$	1,565	$\Sigma = 73,60$	$z_1 = 88,28$	5,96	$\Sigma = 325,60$	$z_2 = 458,02$
5	1,51	3,440	0,291				1,698			9,92		
6	1,80	5,840	0,171				1,556			14,16		
7	2,00	8,000	0,125	$\dfrac{\Delta s}{2} = 4,34$	$\Sigma = 1,28$		1,425	$\Sigma = 12,94$		16,25	$\Sigma = 132,0$	

Tableau des calculs des ordonnées y des courbes dont les aires représentent les intégrales $z_0, z_1, z_2, \mu_0, \mu_1$. (Suite

(Les éléments qui entrent dans ces calculs sont relevés sur l'épure de Méry, et les aires évaluées par la formule de Thomas Simpson.)

NUMÉROS d'ordre.	xZ''	$Z''x - M''$	$\dfrac{Z''x-M''}{1}$	AIRES Σ pour μ_0	μ_0	$\dfrac{Z''x-M''z}{1}$	AIRES Σ pour μ_1	μ_1	Q	X.	Qz
	24	25	26	27	28	29	30	31	32	33	34
										—	—
0	0,0	0,0	0,0			0,0					748,4	0,0
1	113,0	56,0	54,3	$\Sigma = 977,0$		5,4	$\Sigma = 241,0$			748,4	74,8
2	461,0	226,0	207,8			83,0				748,4	299,3
3	1957,0	945,0	655,0			982,5				752,8	1122,6
4	4770,0	2222,0	1037,0	$\Sigma = 50240,0$	$p_0 = 6119$	3485,0	$\Sigma = 230000,0$	$p_1 = 33264$	$Q = \dfrac{p_1 - p_0\frac{z_2}{z_1}}{\frac{z_2}{z_1}-\frac{z_2}{z_1}} = 748,4$	757,4	2516,0
5	9310,0	4162,0	1212,0			7080,0				767,2	4372,0
6	16120,0	6872,0	1175,0			10690,0				783,0	6820,0
7	21850,0	9032,0	1129,0	$\Sigma = 10000,0$		12880,0	$\Sigma = 102400,0$			800,0	8540,0

Tableau des calculs des ordonnées y des courbes dont les aires représentent les intégrales z_0, z_1, z_3, μ_0, μ_1. (Suite.)

(Les éléments qui entrent dans ces calculs sont relevés sur l'épure de Méry, et les aires évaluées
par la formule de Thomas Simpson.)

NUMÉROS d'ordre.	M.	ω.	$\dfrac{X}{\varepsilon}$.	3ω.	$\dfrac{3\omega}{\varepsilon}$.	$\dfrac{3\omega}{\varepsilon}\dfrac{X}{\varepsilon}$.	$R^i = \dfrac{X}{\varepsilon}\left(1+\dfrac{3\omega}{\varepsilon}\right)$.	$R^e = \dfrac{X}{\varepsilon}\left(1-\dfrac{3\omega}{\varepsilon}\right)$.	EFFORTS par centimètre carré. R^i.	EFFORTS par centimètre carré. R^e.
	33	36	37	38	39	40	41	42	43	44
0	+115,6	+0,154	748,4	+0,462	+0,462	—346,0	—1094,0	— 402,0	—142,2 (kg)	— 52,2 (kg)
1	+ 96,8	+0,129	740,9	+0,387	+0,383	—284,0	—1025,0	— 457,0	—133,2	— 59,4
2	+ 42,3	+0,056	727,0	+0,168	+0,163	—118,5	— 845,0	— 609,0	—109,8	— 79,2
3	— 62,0	—0,082	666,0	—0,246	—0,217	+144,8	— 521,0	— 811,0	— 67,7	—105,6
4	—178,4	—0,235	587,0	—0,705	—0,546	+320,5	— 267,0	— 907,0	— 34,7	—118,2
5	— 94,4	—0,123	508,0	—0,369	—0,241	+124,0	— 384,0	— 632,0	— 49,9	— 82,2
6	+167,6	+0,214	435,0	+0,642	+0,356	—155,0	— 590,0	— 220,0	— 76,7	— 28,6
7	+607,6	+0,760	400,0	+2,280	+1,140	—456,0	— 856,0	+ 56,0	—111,3	+ 7,28

CHAPITRE V.

RÉSISTANCE DES ARCS MÉTALLIQUES.

ARTICLE I.

DÉTERMINATION DE LA NOUVELLE FORME DE LA FIBRE MOYENNE ET INFLUENCE DE LA TEMPÉRATURE.

53. Les arcs métalliques qui entrent dans la construction des ponts sont des pièces prismatiques conformes à la définition du n° 1 de cet Ouvrage et remplissant les conditions de symétrie indiquées dans le n° 25, leur fibre moyenne pouvant avoir d'ailleurs une forme quelconque.

Ces arcs sont des assemblages de ferronnerie avec boulons et rivets, qui permettent à l'arc de se comporter à peu près comme une pièce unique de matière homogène. Les piles ou culées, supposées inébranlables, reçoivent la retombée des extrémités de l'arc par l'intermédiaire de plaques d'appui scellées dans la maçonnerie et assemblées avec les sections extrêmes. Des cales d'acier interposées entre l'arc et les plaques servent à régler la construction pendant la pose de ses différentes parties.

Le problème relatif à la détermination des efforts de pression ou de traction développés dans le métal par l'application de forces extérieures est identique à celui qui a été traité pour les voûtes dans les Chapitres précédents; seulement, pour les métaux, le coefficient d'élasticité et le coefficient de dilatation étant des nombres connus, on pourra traiter ici deux questions dont la solution ne peut être obtenue pour les voûtes dans l'état imparfait de nos connaissances sur la valeur des deux coefficients dont il s'agit, applicable aux matériaux employés dans leur construction. La première est relative à la détermination des valeurs des variations δx et δz des coordonnées de la courbe de la fibre moyenne en fonction de l'une des coordonnées x et z ou de toute autre variable indépendante liée à celles-là, ce qui fera connaître la nouvelle forme que prend la fibre moyenne par suite de l'application des forces extérieures. La seconde question est relative à l'influence qu'une variation de température exerce tant sur les efforts de pression ou traction qui se produisent dans la pièce que sur la forme de sa fibre moyenne.

Ces nouvelles questions sont importantes, parce que, leurs résultats étant susceptibles d'être assez facilement contrôlés par l'observation expérimentale, elles fournissent un moyen de reconnaître jusqu'à quel point les conditions de la pratique sont bien conformes aux hypothèses de la théorie.

54. *Détermination de la nouvelle forme de la fibre moyenne.* — Pour résoudre cette première question, il faut déterminer les valeurs de δx et δz, qui entrent par leurs différentielles dans les équations (2) du n° **25**.

Prenons le même système de coordonnées que dans le n° **52**. Intégrons la première équation depuis le point A jusqu'au point m (*fig.* 15), c'est-à-dire depuis $x = -a$ jusqu'à $x = x$; nous aurons, δq étant nul au point A,

$$(d) \qquad \delta q = \int_{-a}^{x} \frac{M}{EI}\, ds.$$

Mettons cette valeur dans les deux autres équations, et nous aurons

$$d\,\delta x = -\,dz \int_{-a}^{x} \frac{M}{EI}\,ds,$$

$$d\,\delta z = \quad dx \int_{-a}^{x} \frac{M}{EI}\,ds.$$

Intégrons ces deux équations depuis $x = -a$ jusqu'à $x = x$; nous aurons, en remarquant que δx et δz sont nuls à l'extrémité A,

$$(e) \qquad \delta x = -\int_{-a}^{x} \delta q\,dz = -\int_{-a}^{x} dz \int_{-a}^{x} \frac{M}{EI}\,ds,$$

$$(f) \qquad \delta z = \quad \int_{-a}^{x} \delta q\,dx = \quad \int_{-a}^{x} dx \int_{-a}^{x} \frac{M}{EI}\,ds.$$

Les deux intégrales doubles qui précèdent peuvent être remplacées par des intégrales simples au moyen de l'intégration par parties, qui donne

$$-\delta x = \int_{-a}^{x} dz \int_{-a}^{x} \frac{M}{EI}\,ds = z \int_{-a}^{x} \frac{M}{EI}\,ds - \int_{-a}^{x} \frac{M z}{EI}\,ds = z\,\delta q - \int_{-a}^{x} \frac{M z}{EI}\,ds,$$

$$\delta z = \int_{-a}^{x} dx \int_{-a}^{x} \frac{M}{EI}\,ds = x \int_{-a}^{x} \frac{M}{EI}\,ds - \int_{-a}^{x} \frac{M x}{EI}\,ds = x\,\delta q - \int_{-a}^{x} \frac{M x}{EI}\,ds.$$

La valeur du moment M est donnée par l'équation (12) du n° **52**, savoir

$$(a) \qquad\qquad M = Z''x - M'' + Q z + M_0.$$

La quantité M_0, mise à la place des deux derniers termes, est la valeur du moment M à la clef. On arriverait au même résultat par la démonstration suivante.

La partie Om de la pièce (*fig.* 15) est en équilibre sous l'action : 1° de la résultante verticale Z'' des forces appliquées entre O et m; 2° des forces appliquées dans la section KL à la clef, qui se composent dans le couple M_0 et dans une résultante égale et parallèle à Q, appliquée au centre O de la section et dirigée de gauche à droite, 3° des forces appliquées à la section GH, qui se composent dans le couple M et dans une résultante appliquée au centre m de la section dont la composante parallèle à l'axe des x est égale à Q et dirigée de droite à gauche, et la composante parallèle à l'axe des z est égale à Z'' et dirigée de bas en haut. Les deux équations de l'équilibre dites *de translation* sont évidemment satisfaites par ces forces. Formons la troisième équation dite *de rotation* ou *des moments*, en prenant les moments par rapport au point O.

Le moment de la résultante verticale Z'' par rapport à ce point est égal à M''; celui de la résultante appliquée au point m est $- Z''x - Qz$. Faisons la somme de ces moments et remarquons que, M désignant le moment d'un couple appliqué à la partie de la pièce située à gauche d'une section normale et provenant de l'action de la partie de la pièce située à droite de cette section, le moment du couple M_0 doit être pris avec le signe —, puisqu'il est appliqué à la partie Om de la pièce située à droite de la section KL et qu'il provient de la réaction de la partie située à gauche; l'équation des moments sera

$$- M_0 + M + M'' - Z''x - Qz = o,$$

qui est identique à la précédente.

Les deux valeurs de M correspondant à deux points symétriques sont égales. En effet, soient m' (*fig.* 15) le point symétrique du point m, H'G' la section symétrique de la section GH. Le moment M relatif à la section HG provient de l'action de la partie GHFD sur la partie GHH'G' et est appliqué à cette dernière partie. Le moment M′ relatif à la section G′H′ provient de l'action de la partie GHH′G′ et est appliqué sur la partie G′H′EC. Réciproquement, la partie G′H′EC exerce sur la partie GHH′G′ une action qui produit un couple égal et contraire appliqué à cette partie. Ainsi la partie GHH′G′ est sollicitée par deux couples M et — M′. Elle est sollicitée, en outre, par des forces symétriques par rapport à la verticale Oz, dont la résultante est située sur cette verticale, et, la partie GHH′G′ étant en équilibre sous l'action de cette résultante et des deux couples M et — M′, il faut que cette résultante soit nulle et que M′ soit égal à M. On arriverait à la même conclusion en remarquant que, en vertu de la symétrie, la partie centrale reçoit de la part des deux parties extrêmes deux actions symétriques ; donc le moment M provenant de la partie droite est égal et contraire au moment provenant de la partie gauche ; mais ce dernier est égal et contraire au moment M′ provenant réciproquement de l'action de la partie centrale sur la partie gauche. Donc M = M′.

Nous allons examiner si la formule (a) conduit au même résultat. Dans cette formule, M″ est le moment par rapport au point O de la résultante Z″ appliquée à la partie de la pièce comprise entre l'origine O et le point m. En désignant par γ le bras de levier de cette résultante, qui n'est autre que l'abscisse de son point d'application, on a donc

$$M'' = \gamma Z'',$$

d'où l'équation (a) devient

$$(b) \qquad M = (x - \gamma)\,Z'' + Qz + M_0.$$

La quantité γ est négative à gauche du point O. La quantité Z″, somme des charges réparties depuis le point O jusqu'au point m, doit être considérée aussi comme négative lorsque le point m est à gauche du point O. En effet, le moment M' par rapport au point m de la résultante Z' appliquée à mB est égal au moment de cette résultante par rapport au point O diminué du produit Z'x; mais Z' est la différence de la résultante Π appliquée à OB et de la résultante Z'' : donc son moment par rapport à O situé du même côté par rapport aux deux forces Π et Z'' est égal au moment M''_a de la résultante Π, moins le moment M'' de la résultante Z'' par rapport au même point. On a donc

$$(c) \qquad M' = M''_a - M'' - x(\Pi - Z'').$$

Cherchons ce que devient la valeur de M' pour le point m' symétrique de m. Elle est égale au moment par rapport à m' de la résultante Z' appliquée à m'B. Or ce moment est égal à celui de la même résultante par rapport au point O augmenté du produit Z'x, la lettre x désignant dans ce produit l'abscisse du point m et non celle du point m'; mais la résultante Z' est la somme de la résultante Π et de la résultante Z'' appliquée à Om' : donc son moment par rapport au point O situé entre les forces Π et Z'' est égal encore à la différence $M''_a - M''$ des moments de Π et Z''. On a donc

$$M' = M''_a - M'' + x(\Pi + Z'').$$

Cette expression sera identique à la précédente si l'on met à la place de x, abscisse du point m, l'abscisse $-x$ du point m', à la condition de changer le signe de Z''. Ainsi, en considérant les valeurs de Z'' comme négatives lorsque le point m sera situé à gauche du point O, toutes les valeurs de M', dans toute l'étendue de la pièce, seront représentées par la formule (c). De même, toutes les valeurs de M seront représentées par l'équation (b), que l'on obtient par la substitution de la valeur (c) de M', sous la même condition de signe pour la quantité Z''. Il résulte de cette condition que les deux valeurs de M données par l'équation (b) pour deux points symétriques sont égales, car les deux facteurs du produit $(x - \gamma)\, Z''$ changent tous les deux de signe sans changer de valeur quand on remplace x par $-x$, et les deux derniers termes ne changent pas.

55. *Comparaison des valeurs de δq, δx et δz pour deux points symétriques.* — 1° Les valeurs de δq données par l'équation (d) sont égales et de signes contraires pour deux points symétriques, en sorte que l'on a

$$(g) \qquad \int_{-a}^{x} \frac{M}{EI}\, ds = -\int_{-a}^{-x} \frac{M}{EI}\, ds.$$

En effet, δq étant nul à l'extrémité B, on a

$$\int_{-a}^{a} \frac{M}{EI}\, ds = 0,$$

c'est-à-dire

$$\int_{-a}^{-x} \frac{M}{EI}\, ds + \int_{-x}^{x} \frac{M}{EI}\, ds + \int_{x}^{a} \frac{M}{EI}\, ds = 0.$$

La première et la troisième intégrale sont égales comme composées d'éléments égaux disposés seulement en ordre inverse, car les valeurs de I sont les mêmes pour deux points symétriques, et nous venons de démontrer qu'il en est de même pour M. On a donc

$$\int_{-x}^{x} \frac{M}{EI}\, ds = -2\int_{-a}^{-x} \frac{M}{EI}\, ds.$$

Ajoutons de part et d'autre $\displaystyle\int_{-a}^{-x} \frac{M}{EI}\, ds$, et nous aurons

$$\int_{-a}^{-x} \frac{M}{EI}\, ds + \int_{-x}^{x} \frac{M}{EI}\, ds \quad \text{ou} \quad \int_{-a}^{x} \frac{M}{EI}\, ds = -\int_{-a}^{-x} \frac{M}{EI}\, ds,$$

ce qu'il s'agissait de démontrer.

2° Les valeurs de δx données par l'équation (e) sont égales et de signes contraires quand on change x en $-x$. En effet, le premier terme $z\delta q$ change de signe sans changer de valeur, et je dis qu'il en est de même du second, c'est-à-dire que l'on a

$$\int_{-a}^{-x} \frac{M z}{EI}\, ds = -\int_{-a}^{x} \frac{M z}{EI}\, ds.$$

Il suffit de remarquer pour cela que l'on a

$$\int_{-a}^{a} \frac{M z}{EI}\, ds = 0,$$

puisque δx est nul à l'extrémité B, et la démonstration se terminerait comme dans le cas précédent.

On conclut de là que δq et δx sont nuls au sommet, car l'équation (g) donne pour $x = 0$, en appelant δq_0 la valeur inconnue de δq au sommet,

$$\delta q_0 = -\delta q_0,$$

d'où résulte

$$\delta q_0 = 0.$$

On démontrerait de même que

$$\delta x_0 = 0.$$

3° Les valeurs de δz données par l'équation (f) sont égales et de même signe pour deux points symétriques.

En effet, le premier terme $x\delta q$ ne change pas, puisque ses deux facteurs changent de signe sans changer de valeur, et je dis que le second ne change pas quand on remplace x par $-x$. En effet, l'intégrale $\int_{-x}^{x} \frac{M r}{EI}\, ds$ est

égale à zéro comme composée d'éléments égaux deux à deux

et de signes contraires ; donc l'intégrale $\displaystyle\int_{-a}^{+x} \frac{M x}{EI}\, ds$ est évidemment égale à $\displaystyle\int_{-a}^{-x} \frac{M x}{EI}\, ds$.

Ainsi, les formules qui donnent les valeurs de ∂q, ∂x et ∂z conduisent bien aux résultats de symétrie qu'elles doivent nécessairement donner pour les valeurs dont il s'agit. Les deux moitiés de la courbe dont la fibre moyenne affecte la forme dans le second état d'équilibre étant symétriques, il suffira donc de considérer les valeurs des variations correspondant aux points de l'une des moitiés, OB par exemple. Prenant pour première limite des intégrales $x = 0$ et remarquant qu'à cette limite on a $\partial q_0 = 0$, $\partial x_0 = 0$, $\partial z_0 = \partial f$, ∂f désignant la variation de l'ordonnée z au sommet, il vient

$$(g')\qquad \left\{ \begin{aligned} \partial q &= \int_0^{x} \frac{M}{EI}\, ds, \\[1em] \partial x &= -z\,\partial q + \int_0^{x} \frac{M z}{EI}\, ds, \\[1em] \partial z &= \partial f + x\,\partial q - \int_0^{x} \frac{M x}{EI}\, ds. \end{aligned} \right.$$

La quantité ∂z étant nulle à l'extrémité B, le second membre de cette dernière équation doit s'annuler pour $x = a$; mais ∂q s'annule aussi pour cette valeur de x : donc on a

$$(h)\qquad \partial f - \int_0^{a} \frac{M x}{EI}\, ds = 0,$$

équation qui fait connaître la valeur de l'inconnue ∂f.

56. *Influence d'une variation de température.* — Si la température de l'arc métallique n'est pas la même dans le

second état d'équilibre que dans le premier, en désignant par τ le produit du coefficient de dilatation par le
nombre de degrés dont la température a varié, on obtiendra
la variation de Q à l'aide de la première équation (11) du
n° 52, dans laquelle on fera $\mu_1 = 0$, $\mu_0 = 0$. En effet.
d'après le principe du n° 17, pour trouver l'effet produit
par une seule des causes qui agissent simultanément sur la
pièce, il faut supposer qu'elle agisse isolément. Il faut
donc supposer ici que les forces sont égales à zéro: on
aura donc $Z'' = 0$, $M'' = 0$, et par suite $\mu_0 = 0$, $\mu_1 = 0$.
La variation de Q, que nous désignerons par la même
lettre, sera donc

$$(1) \qquad Q = \frac{2 a E \tau}{\dfrac{z_1^2}{z_0} - z_2} \cdot$$

Lorsqu'on aura calculé cette quantité, on en déduira
celle de L donnée par la seconde équation (11), qui sera

$$L = Q f + M_0,$$

M_0, valeur du moment M à la clef, étant donné par la formule

$$(2) \qquad M_0 = - Q \frac{z_1}{z_0} \cdot$$

La valeur de M donnée par l'équation (12) sera simplement

$$(3) \qquad M = Q z + M_0,$$

et celle de X donnée par la première équation (a) du même
numéro,

$$X = Q \frac{dx}{ds} \cdot$$

On ajoutera ces variations aux quantités M et X déjà

trouvées, et l'on terminera la solution du problème par la détermination des nouvelles valeurs de w et R données par les équations

$$w = -\frac{M}{X},$$

$$R = \frac{X}{\Omega}\left(1 + \frac{aw}{\rho^2}\right).$$

57. *Application à une pièce en arc de cercle de section constante.* — Lorsque la fibre moyenne est un arc de cercle, nous avons vu dans le n° 36 que la valeur de M était exprimée par une formule (33) que l'on peut écrire

$$M = -rA'm_3 + rB'm_4 + rD m_1 + M_0$$

[*voir* la formule (*b*), § IV, du n° 50, et les trois premières formules (*b*) du n° 41, dans lesquelles α serait remplacé par ω]. Dans cette formule, M_0 est une constante, et les quantités m_1, m_3, m_4 sont des fonctions de ω, coordonnée d'un point quelconque m de l'arc de fibre moyenne.

Remplaçons, dans l'équation (*h*) du n° 55, M par la valeur précédente, x et ds par leurs valeurs en fonction de r et ω, savoir $x = r\sin\omega$, $ds = r\,d\omega$; posons

$$\int_0^\alpha m_3 \sin\omega\,d\omega = m_5,$$

$$\int_0^\alpha m_4 \sin\omega\,d\omega = m_6,$$

$$\int_0^\alpha m_1 \sin\omega\,d\omega = m_2,$$

$$\int_0^\alpha \sin\omega\,d\omega = m_1,$$

et nous aurons

$$(a) \qquad \delta f = - \frac{r^3 A'}{EI} m_3 + \frac{r^3 B'}{EI} m_6 + \frac{r^3 D}{EI} m_2 + \frac{r^2 M_0}{EI} m_1.$$

Les quantités m_1 et m_2 sont déjà connues [*voir* la première équation (b) du n° 41 et l'équation (c) du n° 42]. Leurs valeurs numériques sont contenues dans la Table II. Les deux autres quantités m_3 et m_6 seront données par les formules suivantes :

$$m_3 = \frac{11}{8} - \frac{\alpha^2}{4} + \frac{\alpha \sin 2\alpha}{4} - 2\cos\alpha + \frac{5}{8}\cos 2\alpha,$$

$$m_6 = - \frac{23}{24} - \frac{\omega \sin 2\alpha}{4} + \frac{11}{8}\cos\alpha - \frac{3}{8}\cos 2\alpha - \frac{\cos 3\alpha}{24},$$

ou, en les développant suivant les puissances croissantes de l'arc α,

$$m_3 = (2^3 + 2)\frac{\alpha^6}{2\ldots 6} - (3.2^5 + 2)\frac{\alpha^8}{2\ldots 8} + (5.2^7 + 2)\frac{\alpha^{10}}{2\ldots 10} - \ldots,$$

$$m_6 = \left(\frac{3^5 - 11}{8} - 3.2^3\right)\frac{\alpha^6}{2\ldots 6} - \left(\frac{3^7 - 11}{8} - 5.2^3\right)\frac{\alpha^8}{2\ldots 8} + \ldots$$

L'angle α est ordinairement assez petit pour que les deux premiers termes de ces développements en représentent assez exactement la valeur.

58. *Cas d'une pièce quelconque.* — Lorsque l'arc métallique se trouvera dans le cas traité au Chapitre IV, on effectuera les intégrations des équations (g) et (h) par la formule de Thomas Simpson. Les calculs seront d'ailleurs très-courts, puisque l'on aura déjà déterminé les valeurs de M correspondant à plusieurs points de la fibre moyenne, afin d'obtenir les valeurs de ω et R.

ARTICLE II.

APPLICATIONS NUMÉRIQUES.

59. *Exemple de l'application des Tables à un arc métallique en arc de cercle de section constante.* — Prenons pour exemple un arc en fonte du pont à l'aide duquel le chemin de fer de Tarascon à Cette franchit le Rhône près de son point de départ. L'intrados de cet arc a la forme d'un arc de cercle dont la corde $2l$ est égale à $59^m,446$, et la flèche f est égale à $4^m,902$. La section constante de cet arc est indiquée sur la figure ci-contre.

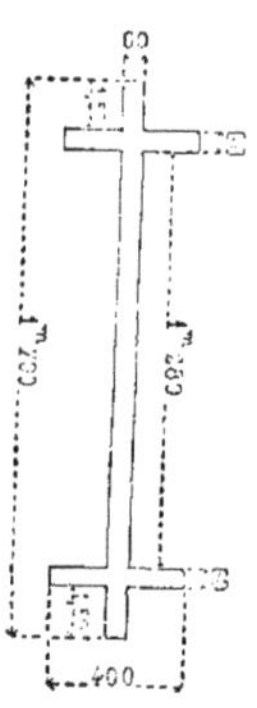

Les charges appliquées à la pièce consistent dans un poids $\Pi = 105\,000^{kg}$ réparti uniformément sur la longueur de la corde et dans un autre poids égal réparti uniformément sur la longueur de l'arc. Cette loi de répartition est la même, an signe près du coefficient B', que celle que nous avons considérée dans le Chapitre III, en sorte que la résultante Z'' des charges appliquées entre le sommet O et un point quelconque de la fibre moyenne est exprimée en fonction de la coordonnée ω, et, en supprimant les accents, par la formule

$$Z'' = A\omega - B(\omega - \sin\omega),$$

qui ne diffère de la formule (15) du n° 35 que par le changement de signe du second coefficient.

En effet, le poids réparti sur la corde donne, entre le point O et le point m, une résultante égale à $\Pi \dfrac{r\sin\omega}{2r\sin z}$, et le poids réparti sur l'arc une résultante égale à $\Pi \dfrac{r\omega}{2\,r\sin z}$.

La somme Z'' de ces deux résultantes est donc

$$Z'' = \Pi \frac{\omega}{2z} + \Pi \frac{\sin\omega}{2\sin\alpha},$$

et les deux formules précédentes deviennent identiques en posant

$$A = \frac{\Pi}{2}\left(\frac{1}{\alpha} + \frac{1}{\sin z}\right), \quad B = \frac{\Pi}{2\sin z}.$$

Calcul de r et α.

$$\operatorname{tang} z = \frac{f}{l}.$$

$$\log f \dots\dots\dots\dots\dots\dots\dots\dots\dots\dots\dots\dots\quad 0,69037$$
$$\log l \dots\dots\dots\dots\dots\dots\dots\dots\dots\dots\dots\dots\quad 1,47309$$
$$\log \operatorname{tang}\frac{\alpha}{2} \dots\dots\dots\dots\dots\dots\dots\dots\dots\quad \overline{1},21728$$

$$\frac{\alpha}{2} \dots\dots\dots\dots\dots\dots\dots\dots\dots\dots\dots\dots\quad 9°22'$$
$$\alpha \dots\dots\dots\dots\dots\dots\dots\dots\dots\dots\dots\dots\quad 18°44'$$

$$r = \frac{l}{\sin z} + c.$$

$$\log \sin z \dots\dots\dots\dots\dots\dots\dots\dots\dots\dots\quad \overline{1},50673$$
$$\log l \dots\dots\dots\dots\dots\dots\dots\dots\dots\dots\quad \overline{1},47309$$
$$\log \frac{l}{\sin z} \dots\dots\dots\dots\dots\dots\dots\dots\dots\quad \overline{1},96636$$

$$\frac{l}{\sin z} \dots\dots\dots\dots\dots\dots\dots\dots\dots\dots\quad 9^2,547$$
$$c \dots\dots\dots\dots\dots\dots\dots\dots\dots\dots\dots\quad 0,850$$
$$r \dots\dots\dots\dots\dots\dots\dots\dots\dots\dots\dots\quad 9^3,397$$
$$P = -\Pi \dots\dots\dots\dots\dots\dots\dots\dots\dots\quad -105\,000^{kg}$$

Calcul des coefficients A et B.

$$\alpha \dots \dots \dots \dots \dots \dots \dots \dots \quad 0,32696$$

$$\frac{\Pi}{2\,\alpha} \dots \dots \dots \dots \dots \dots \dots \quad 160570$$

$$\frac{\Pi}{2\,\sin\alpha} \dots \dots \dots \dots \dots \dots \quad 163470$$

$$A \dots \dots \dots \dots \dots \dots \dots \dots \quad 324\,040^{kg}$$

$$rA \dots \dots \dots \dots \dots \dots \dots \quad 30\,270\,000^{kgm}$$

$$B \dots \dots \dots \dots \dots \dots \dots \dots \quad 163\,470^{kg}$$

$$rB \dots \dots \dots \dots \dots \dots \dots \quad 15\,270\,000^{kgm}$$

Calcul de Q [*formule* (a) *du* n° 41].

$$Q = - A + q_1 A + q_2 B.$$

Pour 18°, q_1 (Table III) $\dots \dots \dots \quad 0,01410$

Pour 44' ($\frac{44}{60}$ ou 0,733), $\Delta q_1 \dots \dots \quad 119$

$$q_1 \dots \dots \dots \dots \dots \dots \dots \dots \quad 0,01529$$

$$q_1 A \dots \dots \dots \dots \dots \dots \dots \quad 4955^{kgm}$$

Pour 18°, $q_2 \dots \dots \dots \dots \dots \dots \quad 0,00688$

Pour 44', 0,733 $\Delta q_2 \dots \dots \dots \dots \quad 56$

$$q_2 \dots \dots \dots \dots \dots \dots \dots \dots \quad 0,00744$$

$$q_2 B \dots \dots \dots \dots \dots \dots \dots \quad 1215^{kmg}$$

$$Q \dots \dots \dots \dots \dots \dots \dots \dots \quad -317876^{kg}$$

Calcul des moments L *et* M_0 *aux naissances et à la clef.*

$$M_0 = - l_1 r D + l_2 r A + l_3 r B,$$

$$D = Q + A,$$

$$L = m_1 r D - m_3 r A - m_4 r B + M_0.$$

$$D \dots \dots \dots \dots \dots \dots \dots \dots \quad 6170^{kg}$$

$$rD \dots \dots \dots \dots \dots \dots \dots \dots \quad 576000^{kgm}$$

Pour 18°, l_1 (Table IV)	0,01635
Pour 44', 0,733 Δl_1	136
l_1	0,01771
$l_1 r$D	1020^{kgm}
Pour 18°, l_2	0,0001616
Pour 44', 0,733 Δl_2	285
l_2	0,0001901
$l_2 r$A	5754^{kgm}
Pour 18°, l_3	0,0000793
Pour 44', 0,733 Δl_3	138
l_3	0,0000931
$l_3 r$B	1422^{kgm}
M_0	6156^{kgm}
Pour 18°, m_1	0,04894
Pour 44', 0,733 Δm_1	406
m_1	0,05300
$m_1 r$D	30520^{kgm}
Pour 18°, m_3	0,000806
Pour 44', 0,733 Δm_3	142
m_3	0,000948
$m_3 r$A	28700^{kgm}
Pour 18°, m_4	0,000391
Pour 44', 0,733 Δm_4	69
m_4	0,000460
$m_4 r$B	7024^{kgm}
L	952^{kgm}

Calcul de X, M, ω *et* R.

$$X = Q\cos\omega - Z''\sin\omega,$$

$$M = m_1 r D - m_3 r A - m_1 r B + M_0,$$

$$\omega = -\frac{M}{X},$$

$$R = \frac{X}{\Omega}\left(1 + \frac{\omega v}{\rho^2}\right).$$

(*Voir* le § IV du n° 50.)

1° A LA CLEF.

$$X = Q\dots\dots\dots\dots\dots\dots\dots\dots\dots\dots\dots\quad -317\,870^{kg}$$

$$\omega_0\dots\dots\dots\dots\dots\dots\dots\dots\dots\dots\dots\dots\quad 0,01935$$

Calcul de l'aire Ω et du moment d'inertie I, ainsi que du rayon de gyration dont le carré est $\rho^2 = \dfrac{I}{\Omega}$.

$$\Omega = bh + b'h' - h''.$$

$$b\dots\dots\dots\dots\dots\dots\dots\dots\dots\dots\dots\dots\quad 0,060$$
$$h\dots\dots\dots\dots\dots\dots\dots\dots\dots\dots\dots\dots\quad 1,700$$
$$b'\dots\dots\dots\dots\dots\dots\dots\dots\dots\dots\dots\dots\quad 0,340$$
$$h'\dots\dots\dots\dots\dots\dots\dots\dots\dots\dots\dots\dots\quad 1,400$$
$$h''\dots\dots\dots\dots\dots\dots\dots\dots\dots\dots\dots\dots\quad 1,280$$
$$\Omega\dots\dots\dots\dots\dots\dots\dots\dots\dots\dots\dots\dots\quad 0,1428$$

$$I = \frac{bh^3 + b'h'^3 - h''^3)}{12}.$$

$$I\dots\dots\dots\dots\dots\dots\dots\dots\dots\dots\dots\dots\quad 0,0428$$
$$\rho^2\dots\dots\dots\dots\dots\dots\dots\dots\dots\dots\dots\dots\quad 0,30$$

pour la seconde, et $\displaystyle\int_0^x \left(\dfrac{Q}{E\Omega} + \tau\right) dz$ pour la troisième, savoir :

$$(4) \quad \begin{cases} \delta q = \displaystyle\int_0^x \frac{M}{EI}\, ds, \\[2ex] \delta x = Q\displaystyle\int_0^x \frac{dx}{E\Omega} + \tau x - z\,\delta q + \int_0^x \frac{M z}{EI}\, ds, \\[2ex] \delta z = Q\displaystyle\int_0^x \frac{dz}{E\Omega} + \tau z + \delta f + x\,\delta q - \int_0^x \frac{M x}{EI}\, ds. \end{cases}$$

Faisons $x = a$ dans la troisième de ces équations, et remarquons que δz et δq sont nuls pour cette valeur de x, qui correspond au point B; cette équation donnera alors pour la valeur de l'inconnue δf, variation de la flèche ou de l'ordonnée du sommet de l'arc,

$$(5) \qquad \delta f = - Q\int_0^a \frac{dz}{E\Omega} - \tau f + \int_0^a \frac{M x}{EI}\, ds.$$

Cette valeur diffère de la valeur donnée par l'équation (h), p. 172, de la quantité $- Q\displaystyle\int_0^a \frac{dz}{E\Omega} - \tau f$, dont le premier terme est positif, puisque Q est négatif, et le second terme est négatif pour une augmentation et positif pour une diminution de température.

Dans le cas d'une pièce en arc de cercle et de section constante, il faut donc ajouter à la formule (a) du n° 57 la quantité $- r(1 - \cos\alpha)\left(\dfrac{Q}{E\Omega} + \tau\right)$: elle devient ainsi la lettre m_1, désignant la quantité $1 - \cos\alpha$, le signe de B' étant changé et les accents de A′ et B′ supprimés (n° 59) :

$$(6)\quad \delta f = \frac{r^2}{EI}\left(M_0\, m_1 + r D m_2 - r A m_3 - r B m_6\right) - \frac{r m_1 Q}{E\Omega} - r m_1 \tau.$$

Dans le cas d'une pièce à fibre moyenne parabolique et de section constante, il faut introduire la valeur (3) de M, p. 184, dans l'équation (5) ci-dessus, et elle donne

$$(7)\qquad \delta f = -\frac{Qf}{E\Omega} - \tau f + \frac{15}{32}\frac{a^3}{f^2}\frac{H}{E\Omega}.$$

Les arcs circulaires dont l'angle au centre est d'un petit nombre de degrés diffèrent très-peu d'un arc de parabole; on pourra donc leur appliquer la formule (7). Mettons-y les données numériques relatives à l'arc du pont de Tarascon, savoir :

$$a = 29^{m},723,$$
$$f = 4^{m},902,$$
$$\Omega = 0^{m},1428,$$
$$H = 105500,$$
$$Q = -317870,$$

et nous obtiendrons

$$\frac{Qf}{E\Omega} = -0,0018,$$

$$\frac{15}{32}\frac{a^3}{f^2}\frac{H}{E\Omega} = 0,0629;$$

la valeur de δf, due à l'action des forces extérieures et sans changement de température, est

$$\delta f = 0,0647.$$

Cette valeur diffère peu de celle qui a été obtenue expé-

rimentalement par MM. Desplace et Collet-Meygret, savoir
$\partial f = 0,0600.$

62. Dans le même cas d'une pièce parabolique et de
section constante, la partie de la valeur de Q relative au
changement de température, donnée par l'équation (1) du
n° 56, complétée par l'addition de $- m$ au dénominateur,
est [voir 2ᵉ formule (e), p. 150, et la valeur de p, p. 148.]

$$ Q = - \frac{E \Omega \tau}{1 + \frac{4}{15} \frac{f^2}{\rho^2}}. $$

D'autre part, les équations (2) et (3), p. 173, donnent
(voir les valeurs de z_0 et z_1, p. 150)

$$ M = Q \left(z - \frac{f}{3} \right), $$

d'où

$$ \int_0^a \frac{M x}{EI} \, ds = \frac{a f^2 Q}{12 EI}, $$

et la valeur de ∂f, donnée par l'équation (5), est

$$ \partial f = - \tau f \left[\left(\frac{a^2}{12 \rho^2} - 1 \right) \frac{1}{1 + \frac{4 f^2}{45 \rho^2}} + 1 \right]. $$

En y mettant les données relatives au pont de Tarascon,
la valeur de τ pour 1° C. de température étant égale au
coefficient de dilatation de la fonte, savoir

$$ \tau = 0,0000111, $$

on obtient

$$ \frac{4}{45} \frac{f^2}{\rho^2} = 7,12 \quad \text{et} \quad \partial f = - 0,00168. $$

Ce résultat numérique est confirmé par celui que

MM. Desplace et Collet-Meygret ont obtenu expérimentalement. Le premier terme de l'équation (5) est environ la deux-cent-quarante-cinquième partie et le second, τf, la trentième partie de la valeur totale du second membre, qui se trouve ainsi représentée d'une manière assez approchée par son troisième terme seul.

63. Appliquons maintenant la formule (6), relative aux arcs circulaires et de section constante, à l'arc métallique du pont de Tarascon. La valeur principale de Q, calculée au n° 59, doit être remplacée par la valeur complète donnée par l'équation (B), p.183, laquelle est égale à la valeur principale divisée par $1 + \dfrac{m}{z_2 - \dfrac{z_1^2}{z_0}}$. La différence qui en résulte pour la valeur de Q influe sur la quantité représentée par D dans les valeurs de L et M d'une manière très-importante, et il n'est pas permis de la négliger dans la détermination de ∂f, qui dépend à peu près exclusivement de la valeur de M. Dans l'arc du pont de Tarascon, le rapport $\dfrac{m}{z_2 - \dfrac{z_1^2}{z_0}}$

est égal à $0,1345$, et la valeur complète de Q est, par suite,

$$Q = -\ 279300,$$

et celle de D

$$D = Q + A = 44740^{ks};$$

nous avions trouvé, au n° 59, $D = 6170^{ks}$.

Désignons par Δ la différence 38570^{ks} de ces deux valeurs ; le moment M_0 à la clef, trouvé égal à -3024^{ksm} au n° 59, devra être corrigé de la quantité

$$-\ l_1 r \Delta = -\ 13602000 = -\ 63800^{ksm} ;$$

moment de l'aire AM est plus petit que celui de l'aire ME et que le moment de l'aire MB est plus grand que celui de l'aire MF. Mais, M étant le centre de gravité de FE, le moment de l'aire ME est égal à celui de l'aire MF; donc le moment de l'aire AM est plus petit que celui de l'aire MB, donc le centre de gravité de la section AB est entre le point M et le point B. Soit G ce point. Menons par le point G un plan vertical perpendiculaire au plan de la figure et cherchons le centre de gravité de l'aire de la section de la ferme par ce plan. Ce centre de gravité G′ sera situé au-dessous de la fibre moyenne MN, ainsi qu'on le reconnaît par un raisonnement semblable au précédent.

Or les deux points G et G′, que l'on obtient en opérant ainsi dans le cas de la *fig.* 16, sont presque confondus en un seul. On peut donc les considérer comme situés sur la fibre moyenne. Cherchons encore le centre de gravité de la section normale de la ferme à la clef, et nous aurons le sommet de la courbe de fibre moyenne. Or, si l'on fait passer par ce sommet un arc de cercle passant par le point déterminé précédemment aux naissances et tangent à une horizontale menée par ce sommet, on trouve que cet arc traverse les sections de la ferme qui lui sont perpendiculaires en des points très-voisins de leur centre de gravité, en sorte qu'on peut la considérer comme répondant d'une manière très-satisfaisante à la définition de la fibre moyenne d'une pièce prismatique. Cette courbe est désignée par les lettres ABC sur la *fig.* 16.

Partageons-la en six parties égales et inscrivons dans les colonnes 2 et 3 du Tableau ci-après les valeurs des coordonnées des points de division. Nous inscrirons ensuite dans les colonnes 4, 5 et 6 la hauteur de la section de la ferme, la hauteur de la section de l'arc seul et la distance de l'extrados de l'arc à la fibre moyenne ABC. Les colonnes 7 et 8 contiennent les valeurs de l'aire Ω et du moment d'inertie I des sections normales de la ferme par rapport à la fibre moyenne. Dans les calculs des moments d'inertie, il faudra faire usage de la propriété suivante que nous rappelons ici.

Le moment d'inertie d'une surface ABCD (*fig.* 18) par rapport à une droite EF ne passant pas par son centre de gravité est égal au produit de son aire par le carré de la distance de son centre de gravité G à cette droite, augmenté de son moment d'inertie par rapport à un axe IJ, mené par son centre de gravité parallèlement à la droite EF. Dans le cas d'un rectangle dont la base $AB = b$ est parallèle à la droite EF dont la hauteur $BC = h$ et dont le centre de gravité est placé à une distance r de la droite EF, on a, pour la valeur I de son moment d'inertie par rapport à la droite EF,

$$I = bh\left(r^2 + \frac{h^2}{12}\right).$$

Toutes les sections de la ferme pouvant être décomposées en rectangles situés comme celui de la *fig.* 18 par rapport à l'axe d'inertie, cette formule servira à calculer tous les moments d'inertie des sections normales de la ferme du pont d'Arcole. Il conviendra de tracer le croquis de chacune des sections et d'y inscrire toutes les cotes qui doivent entrer dans les calculs.

Pour tous les rectangles dont la hauteur est une épaisseur de tôles, la hauteur h est petite et la quantité $\dfrac{h^2}{12}$ négligeable devant r^2. La colonne 9 représente les valeurs de la résultante Z'' correspondant à chaque point de division : c'est la résultante des forces appliquées à la pièce depuis le sommet jusqu'à la section normale en ce point. La colonne 10 contient les différences des valeurs de Z'', qui sont constantes dans le cas actuel, puisque les charges sont réparties uniformément sur la longueur de l'arc que nous avons divisé en parties égales.

La colonne 11 contient les bras de levier des forces $\Delta Z''$. Ce sont les distances des milieux des arcs partiels à la verticale du sommet ou autrement dit les abscisses de ces milieux. Les produits de $\Delta Z''$ par ces bras de levier sont les différences $\Delta M''$ des valeurs de M'', moment de la résultante Z'' par rapport au sommet de l'arc ou de l'origine des coordonnées. Les colonnes suivantes jusqu'à la colonne 26 contiennent les valeurs nécessaires pour déterminer les nombres z_0, z_1, z_2, μ_0, μ_1 et m, qui entrent dans l'expression de la poussée Q, formule (1) du n° 60, ainsi que dans celle du moment M_0 à la clef, formule (h) du n° 52, p. 153. On trouve ainsi

$$Q = -\, 281\,200^{kg},$$
$$M_0 = -\, 22\,900^{kgm}.$$

Calcul de l'effort normal à la clef.

Les deux valeurs qui précèdent permettent d'obtenir la valeur de $w = -\dfrac{M_0}{Q}$ et celle de l'effort normal R, tant à l'intrados qu'à l'extrados, donné par la formule

$$R = \frac{Q}{\omega}\left(1 + \frac{wv}{\rho^2}\right).$$

On obtient ainsi

$$w = -\,0,0814\tfrac{}{}.$$

Les valeurs de v, désignées par v_i à l'intrados et v_e à l'ex trados, sont :

$$v_i \dots \dots \dots \dots \dots \quad 0,228$$

$$v_e \dots \dots \dots \dots \dots \quad -0,167$$

et l'on obtient

$$\rho^2 = \frac{I}{\Omega} \dots \dots \dots \dots \quad 0,02795$$

$$\frac{av_i}{\rho^2} \dots \dots \dots \dots \dots \quad -0,665$$

$$\frac{Q}{\Omega} \dots \dots \dots \dots \dots \quad -5420000$$

$$R_0^i \dots \dots \dots \dots \dots \quad -1815000^{kg}$$

$$\frac{av_e}{\rho^2} \dots \dots \dots \dots \dots \quad 0,486$$

$$R_0^e \dots \dots \dots \dots \dots \quad -8060000^{kg}$$

Calcul de l'effort normal aux naissances.

$$X = Q \cos z - H \sin \alpha.$$

$$1 - \cos z = m_1 \dots \dots \dots \quad 0,02794$$

$$\sin z \dots \dots \dots \dots \dots \quad 0,2346$$

$$X \dots \dots \dots \dots \dots \quad -296200^{kg},$$

$$L = Z'' x - M'' + Q z_a + M_0.$$

(Cette quantité L est le dernier nombre de la colonne **28**).

$$L = 578100^{kgm}.$$

$$v = -\frac{L}{X} \dots \dots \dots \dots \quad 1,953$$

$$v_i \dots \dots \dots \dots \dots \quad 1,590$$

$$v_e \dots \dots \dots \dots \dots \quad -1,055$$

$$\frac{av}{\rho^2} \dots \dots \dots \dots \dots \quad 0,484$$

$$\frac{av_i}{\rho^2} \dots \dots \dots \dots \dots \quad 0,77$$

Calcul des pressions ou tractions normales par unité de surface de la section normale.

1º A LA CLEF.

$$R_0^i = \frac{Q}{\Omega}\left(1 + \frac{w_0 h}{2\rho^2}\right),$$

$$R_0^e = \frac{Q}{\Omega}\left(1 - \frac{w_0 h}{2\rho^2}\right).$$

$$\frac{Q}{\Omega} \ldots\ldots\ldots\ldots\ldots\ldots\ldots\ldots\ldots\ldots\ldots -\ 2225000^{kg}$$

$$\frac{w_0 h}{2\rho^2} \ldots\ldots\ldots\ldots\ldots\ldots\ldots\ldots\ldots\ldots\ldots 0,0548$$

$$\frac{Q}{\Omega}\frac{w_0 h}{2\rho^2} \ldots\ldots\ldots\ldots\ldots\ldots\ldots\ldots\ldots -\ 122000^{kg}$$

$$R_0^i \ldots\ldots\ldots\ldots\ldots\ldots\ldots\ldots\ldots\ldots\ldots\ldots -\ 2347000^{kg}$$

$$R_0^e \ldots\ldots\ldots\ldots\ldots\ldots\ldots\ldots\ldots\ldots\ldots\ldots -\ 2103000^{kg}$$

2º AUX NAISSANCES.

$$X_\alpha = Q\cos\alpha - H\sin\alpha.$$

$$Q\cos\alpha \ldots\ldots\ldots\ldots\ldots\ldots\ldots\ldots\ldots -\ 301020^{kg}$$

$$\sin\alpha \ldots\ldots\ldots\ldots\ldots\ldots\ldots\ldots\ldots 0,3212$$

$$H\sin\alpha \ldots\ldots\ldots\ldots\ldots\ldots\ldots\ldots\ldots 33726^{kg}$$

$$X_\alpha \ldots\ldots\ldots\ldots\ldots\ldots\ldots\ldots\ldots\ldots -\ 334746^{kg}$$

$$w_\alpha = -\frac{L}{X_\alpha} \ldots\ldots\ldots\ldots\ldots\ldots\ldots = 0,002843$$

$$\frac{w_\alpha h}{2\rho^2} \ldots\ldots\ldots\ldots\ldots\ldots\ldots\ldots\ldots 0,00806$$

$$\frac{X_\alpha}{\Omega} \ldots\ldots\ldots\ldots\ldots\ldots\ldots\ldots\ldots 2342000^{kg}$$

$$\frac{X_\alpha}{\Omega}\frac{w_\alpha h}{2\rho^2} \ldots\ldots\ldots\ldots\ldots\ldots\ldots 18900^{kg}$$

$$R_\alpha^i \ldots\ldots\ldots\ldots\ldots\ldots\ldots\ldots\ldots\ldots -\ 2360900^{kg}$$

$$R_\alpha^e \ldots\ldots\ldots\ldots\ldots\ldots\ldots\ldots\ldots\ldots -\ 2323100^{kg}$$

En prenant pour unité de surface le millimètre carré, les pressions qui se produisent à la clef et aux naissances, tant à l'intrados qu'à l'extrados, sont exprimées par les nombres suivants :

$$R_0^i = 2,35^{\text{kg}},$$
$$R_0^e = 2,10,$$
$$R_\alpha^i = 2,36,$$
$$R_\alpha^e = 2,32.$$

60. *Valeur complète de la poussée dans les arcs surbaissés.* — Dans les arcs métalliques surbaissés : 1° la composante X, normale à chaque section normale, est à peu près constante et égale à la poussée horizontale Q, qui est la valeur de cette composante à la clef; 2° la composante parallèle Z est petite par rapport à X et peut être négligée.

En effet, X et Z sont les projections sur la tangente et la normale à la fibre moyenne de la résultante appliquée à la section normale que l'on considère. Les projections de cette résultante sur l'axe horizontal des x et l'axe vertical des z sont Q et $-Z''$, car ces projections sont égales à $X \cos\omega - Z \sin\omega$ et $X \sin\omega + Z \cos\omega$, et, en remplaçant X et Z par leurs valeurs (32) du n° 36, elles se réduisent à Q et $-Z''$. Dans la *fig.* 13 de l'épure de Méry, les droites AB, A1, A2, ... représentent les directions de la résultante des forces $-Q$ et $+Z''$, qui est égale et contraire à la précédente. Les droites D1, D2, ... représentent la direction des normales aux diverses sections normales aux points A, 1, 2, ... de la fibre moyenne, et l'on voit que chacune des droites du faisceau A fait un angle très-petit avec la droite correspondante du faisceau D.

Reportons-nous à l'équation (B) du n° 52, Chapitre IV, déduite de la deuxième équation (1) du n° 25, Chapitre II.

Par suite de l'hypothèse $X = Q$, $Z = o$, elle se réduit à

$$\Theta = \int_{-a}^{a} \left(\frac{Q}{\Omega} + E\tau \right) dx = Q \int_{-a}^{a} \frac{dx}{\Omega} + 2\,a\,E\tau,$$

et les quantités désignées par les lettres m et n sont, page 148,

$$m = \int_{-a}^{a} \frac{dx}{\Omega},$$

$$n = o.$$

L'équation (d), donnant la valeur de la poussée, est alors

$$(B) \qquad Q = \frac{m_1 - m_0 \dfrac{z_1}{z_0} + 2\,a\,E\tau}{\dfrac{z_1^2}{z_0} - z_2 - m}.$$

La valeur de L, donnée par l'équation (10), ne subit aucun changement, puisqu'elle ne renferme pas la quantité z_2. Les équations (11) et (12) ($\S$ II du Chapitre IV). qui donnent les valeurs de Q, L et M, seront donc

$$(1) \qquad Q = \frac{\mu_1 - \mu_0 \dfrac{z_1}{z_0} + 2\,a\,E\tau}{\dfrac{z_1^2}{z_0} - z_2 - m},$$

$$(2) \qquad L = - M''_a - P\,a + Q f - Q \frac{z_1}{z_0} - \frac{\mu_0}{z_0},$$

$$(3) \qquad M = - M'' + Z''x + Qz - Q \frac{z_1}{z_0} - \frac{\mu_0}{z_0},$$

Dans le cas d'une pièce à fibre moyenne parabolique et

de section constante, la valeur de Q, donnée par l'équation (1), est

$$(\text{D}) \qquad Q = -\frac{\Pi a}{2f}\left(\frac{1}{1+\dfrac{45\rho^2}{4f^2}}\right).$$

Cette valeur est un peu différente de la valeur (c), page 151, puisque le rapport des deux termes 1 et $\dfrac{45\rho^2}{2f^2}$, c'est-à-dire la quantité $\dfrac{45\rho^2}{2f^2}$, est égal à 0,044, ainsi que nous l'avons vu page 150. Nous avons vu aussi, p. 151, que le moment M était constamment nul dans une pièce parabolique et de section constante, lorsqu'on faisait abstraction des termes complémentaires des équations (1) du n° 23. Il n'en est plus de même quand on introduit dans les équations (2) et (3) qui précèdent la valeur complète de Q. On trouve alors

$$L = \frac{\Pi a}{3}\left(1-\frac{1}{1+\dfrac{45\rho^2}{4f^2}}\right),$$

ou, à cause de la petitesse de $\dfrac{45\rho^2}{4f^2}$,

$$L = \frac{15\rho^2}{4f^2}\,\Pi a,$$

et, pour la valeur de M,

$$(3) \qquad M = \frac{45\rho^2}{8f^2}\,\Pi\left(\frac{x^2}{a}-\frac{a}{3}\right),$$

qui pour $x = a$ donne $M = \dfrac{15\rho^2}{4f^2}\,\Pi a = L$, ainsi que cela doit être, et pour $x = 0$ donne, pour la valeur M_0 du moment M à la clef,

$$M_0 = - \frac{15\rho^3}{8f^2} Ha.$$

Ces valeurs de M_0 et L donnent, pour les distances w_0, w_a de la courbe des pressions aux centres des sections à la clef et aux naissances,

$$(e) \qquad \begin{cases} w_0 = - \dfrac{15\rho^2}{4f}, \\[2ex] w_a = \dfrac{15\rho^2}{2f}. \end{cases}$$

Dans le cas d'une section rectangulaire, d'une hauteur égale à $2e$, on a $\rho^2 = \dfrac{I}{\Omega} = \dfrac{e^2}{3}$ et les valeurs précédentes deviennent

$$w_0 = - \frac{5e^2}{4f},$$

$$w_a = \frac{5e^2}{2f}.$$

61. Revenons maintenant aux formules (g) du Chapitre V, relatives au changement de forme de la fibre moyenne, qui ont été déduites des équations (2) du n° 25. En complétant ces équations par l'addition aux seconds membres des termes $\left(\dfrac{Q}{E\Omega} + \tau \right) dx$ pour la seconde, et $\left(\dfrac{Q}{E\Omega} + \tau \right) dz$ pour la troisième, puis reprenant les calculs et les raisonnements des n°s 54 et 55, on obtient trois équations qui ne diffèrent des équations (g), p. 172, que par l'addition aux seconds membres des quantités $\displaystyle\int_0^x \left(\dfrac{Q}{E\Omega} + \tau \right) dx$

on aura donc

$$M_0 = -6682^{\text{kgm}}.$$

La distance $w_0 = -\dfrac{M_0}{Q}$ de la courbe des pressions au centre de la section normale à la clef devient alors

$$w_0 = -0,239,$$

au lieu de $-0,0095$, trouvé au n° 59. On voit par là l'importance de la quantité complémentaire m pour la valeur du moment M, et par suite pour la position de la courbe des pressions.

Avant de passer au calcul de δf à l'aide de la formule (6), nous allons chercher les modifications produites dans les autres quantités L, X_α, w_α, R_0^i, R_0^e, R_α^i et R_α^e, calculées au n° 59, par la substitution de la valeur complète de Q à la valeur principale.

$$
\begin{aligned}
&m_1 - l_1 \ldots\ldots\ldots\ldots\ldots\ldots\ldots\ldots && 0,03529 \\
&(m_1 - l_1)\, r\Delta \ldots\ldots\ldots\ldots\ldots\ldots && 127200 \\
&L \ldots\ldots\ldots\ldots\ldots\ldots\ldots\ldots\ldots && 128152^{\text{kgm}},
\end{aligned}
$$

$$X_\alpha = Q\cos\alpha - H\sin\alpha.$$

$$
\begin{aligned}
&Q\cos\alpha \ldots\ldots\ldots\ldots\ldots\ldots\ldots && -264500 \\
&H\sin\alpha \ldots\ldots\ldots\ldots\ldots\ldots\ldots && 33726 \\
\hline
&X_\alpha \ldots\ldots\ldots\ldots\ldots\ldots\ldots\ldots && -298226
\end{aligned}
$$

$$w_\alpha = -\dfrac{L}{X_\alpha} \ldots\ldots\ldots\ldots\ldots\ldots\ldots\ldots\quad 0,430$$

Les formules (c) du n° 60, relatives à un arc parabolique, donnent

$$w_0 = -0,23,$$
$$w_\alpha = 0,46.$$

Ces valeurs diffèrent très-peu des précédentes, ainsi que

cela doit être, puisque, l'arc de Tarascon étant très-surbaissé, il diffère très-peu d'un arc de parabole.

$$\frac{Q}{\Omega} \dots \dots \dots \dots -1\,955\,000$$

$$\frac{\varpi_0 h}{2\rho^2} \dots \dots \dots -0{,}6772$$

$$\frac{\varpi_0 h}{2\rho^2}\frac{Q}{\Omega} \dots \dots 1\,323\,000$$

$$R_0^i \dots \dots \dots -632\,000$$

$$R_0^e \dots \dots \dots -3\,278\,000$$

$$\frac{X_\alpha}{\Omega} \dots \dots \dots -2\,088\,000$$

$$\frac{\varpi_\alpha h}{2\rho^2} \dots \dots \dots 1{,}218$$

$$\frac{\varpi_\alpha h}{2\rho^2}\frac{X_\alpha}{\Omega} \dots \dots -2\,545\,000$$

$$R_\alpha^i \dots \dots \dots -4\,633\,000$$

$$R_\alpha^e \dots \dots \dots 457\,000$$

et en prenant pour unité de surface le millimètre carré,

$$R_0^i \dots \dots \dots -0{,}632$$

$$R_0^e \dots \dots \dots -3{,}278$$

$$R_\alpha^i \dots \dots \dots -4{,}633$$

$$R_\alpha^e \dots \dots \dots +0{,}457$$

Calcul de ∂f par la formule (6) *du* n° **61.**

$$\partial f = \frac{r^2}{EI}\left(M_0 m_1 + rD m_2 - rA m_3 - rB m_6\right) - \frac{r m_1 Q}{E\Omega} - r m_1 \tau.$$

$$m_3 = \frac{x^6}{72} - \frac{7 x^8}{2880},$$

$$m_6 = \frac{\alpha^6}{144} - \frac{112 \alpha^8}{40320}.$$

(*Voir* la fin du n° **57.**)

$$m_5 \dots \dots \dots \quad 0,00001666$$

$$m_6 \dots \dots \dots \quad 0,00000813$$

E, coefficient d'élasticité longitudinale de la fonte. $\quad 6 \times 10^9$

$$EI \dots \dots \dots \quad 256800000$$

$$r^2 \dots \dots \dots \quad 8720$$

$$\frac{r^2}{EI} \dots \dots \dots \quad 0,00003394$$

$$M_0 \dots \dots \dots \quad - 66824$$

$$m_1 M_0 \dots \dots \dots \quad - 3540$$

Pour 18°, m_2 (Table II) $\dots \dots \quad 0,00120$

Pour 44', $0,733 \, \Delta m_2 \dots \dots \quad 21$

$$\overline{}$$

$$m_2 \dots \dots \dots \quad 0,00141$$

$$rD \dots \dots \dots \quad 4178000$$

$$m_2 rD \dots \dots \dots \quad 5896$$

$$m_5 rA \dots \dots \dots \quad 504,4$$

$$m_6 rB \dots \dots \dots \quad 124,2$$

$$\frac{r^2}{EI} \times 1727 \dots \dots \dots \quad 0,0586$$

$$rm_1 \frac{Q}{E\Omega} \dots \dots \dots \quad - 0,0016$$

$$\delta f \dots \dots \dots \quad 0,0602$$

Ce résultat se rapproche plus que le précédent, relatif à l'arc parabolique, de celui qui a été obtenu par MM. Desplace et Collet-Meygret sur l'arc *circulaire* de Tarascon. (*Voir* la fin du n° 61.)

64. *Arc de section variable.* — Prenons pour exemple un arc métallique du pont d'Arcole, construit sur la Seine à Paris, par M. Oudry. Nous empruntons les données qui le concernent aux *Nouvelles Annales de la construction* de M. Oppermann, année 1855. Ce pont est construit en fer laminé. Son ouverture est de 80^m, et sa largeur entre

garde-corps de 20^m. Il se compose de douze fermes en fer, dont l'intrados est cintré suivant un arc de cercle de 80^m de corde et de 6^m,12 de flèche. Dix fermes intermédiaires sont distantes de 1^m,333 d'axe en axe. Les deux autres fermes, formant les têtes du pont, sont placées à 3^m,5o de distance des fermes voisines.

Chaque ferme est formée d'un arc et d'un longeron supérieur qui est ancré dans la maçonnerie des culées (*voir* la *fig.* 16 à l'échelle de 0^m,01). Ces deux pièces sont reliées aussi bien que possible par un tympan, dont l'effet est d'assembler le tout en une seule pièce prismatique à section normale invariable.

La section d'un arc intermédiaire est une âme de 0^m,010 d'épaisseur, découpée suivant la courbure de l'arc et rivée à deux lames horizontales inférieure et supérieure par quatre cours de cornières de $\dfrac{100 \times 90}{13}$. La largeur des tables est de 0^m,53o, leur épaisseur de 0^m,028, et elles sont formées de deux feuilles de 0^m,014 réunies par les rivets des cornières et par deux autres cours de rivets placés à 0^m,06 des bords.

La section à la clef a une hauteur de 0^m,380, et aux naissances cette hauteur est de 1^m,3oo. La section des longerons est un T simple, formé d'une table horizontale de 3oo × 15 et une branche verticale de 3oo × 10, réunies par deux cours de cornières de $\dfrac{100 \times 90}{13}$.

· Le longeron est prolongé dans la culée où il est ancré et peut être tendu par un système de calage disposé à cet effet dans l'intérieur des maçonneries. Du côté de la clef, la branche verticale du longeron est prolongée jusqu'à l'arc et est rivée sur ce dernier au moyen de deux cornières. Le plan de la face supérieure de la table horizon-

13

tale du longeron passe à $0^m,015$ seulement au-dessus de l'extrados de l'arc à la clef. La section du longeron jusqu'à ce point ne pouvant avoir une hauteur supérieure à ce chiffre, on a formé ce prolongement d'une simple feuille de tôle de 650×15. La hauteur totale de la section de la ferme à la clef est, par suite, de $0^m,395$. Le poids total des fers et fontes du pont est de 1120 tonnes ou de 700^{kg} par mètre carré. Le ballast et l'empierrement pèsent 500^{kg}, et la charge d'épreuve est de 600^{kg} par mètre carré. Les fermes intermédiaires étant espacées de $1^m,33$, le poids appliqué par mètre courant de longueur horizontale est de 1200^{kg} pour la charge permanente et de 600^{kg} pour la charge d'épreuve. Le poids réparti par mètre courant de longueur horizontale va en croissant légèrement du milieu du pont aux extrémités, puisque le poids de l'arc et des tympans va lui-même en croissant entre les mêmes limites. Nous tiendrons compte de cet accroissement en supposant que la répartition de la charge est proportionnelle à la longueur de l'arc.

Traçons sur la *fig.* 16 la courbe de fibre moyenne. Pour cela, coupons la ferme par un plan perpendiculaire à l'arc d'intrados aux naissances et cherchons le centre de gravité de la section ainsi obtenue. Ce point sera situé au-dessus de la courbe cherchée. En effet, soient AB (*fig.* 17) le plan normal à l'arc d'intrados CA, et M le point d'intersection de ce plan et de la courbe cherchée. Menons par le point M la normale FE à la courbe MN; le point M sera le centre de gravité de la section FE, ainsi que cela résulte de la définition de la courbe de fibre moyenne MN. Mais AM est plus petit que ME et MB plus grand que FM, et, comme les dimensions perpendiculaires au plan de la figure sont les mêmes dans les deux sections, qui ont toutes les deux la forme de double T surmonté d'un T simple, il est évident que le

$$\frac{\mathrm{X}}{\Omega} \ldots\ldots\ldots\ldots\ldots\ldots\ldots\ldots\ldots\ldots\ldots\ldots \quad -\,4665000$$

$$\mathrm{R}_a^i \ldots\ldots\ldots\ldots\ldots\ldots\ldots\ldots\ldots\ldots\ldots \quad -\,8256000$$

$$\frac{\omega v_c}{\rho^2} \ldots\ldots\ldots\ldots\ldots\ldots\ldots\ldots\ldots\ldots \quad -\,1,963$$

$$\mathrm{R}_a^c \ldots\ldots\ldots\ldots\ldots\ldots\ldots\ldots\ldots\ldots\ldots \quad 4490000$$

En prenant pour unité de surface le millimètre carré, les efforts normaux précédents sont exprimés par les nombres suivants :

$$\mathrm{R}_0^i = -\,1^{\mathrm{kg}},815,$$
$$\mathrm{R}_0^c = -\,8^{\mathrm{kg}},060,$$
$$\mathrm{R}_a^i = -\,8^{\mathrm{kg}},256,$$
$$\mathrm{R}_a^c = \quad 4^{\mathrm{kg}},490.$$

Le dernier effort normal est une traction ; les trois autres sont des pressions.

Calcul de la flèche.

La valeur de la flèche est donnée par l'équation

$$\delta f = -\int_0^a \frac{\mathrm{Q}}{\mathrm{E}\Omega}\,dz + \int_0^a \frac{\mathrm{M}x}{\mathrm{E}\mathrm{I}}\,ds.$$

Les colonnes **28, 29, 30** et **31** renferment les éléments du calcul de cette expression. Le premier terme est petit par rapport au second, et nous y avons supposé Ω constant et égal à la demi-somme $0^{\mathrm{m}},0577$ des valeurs extrêmes. On trouve ainsi :

$$\int_0^a \frac{\mathrm{Q}}{\mathrm{E}\Omega}\,ds \ldots\ldots\ldots\ldots\ldots\ldots\ldots \quad -\,0,00117$$

$$\int_0^a \frac{\mathrm{M}x}{\mathrm{E}\mathrm{I}}\,ds \ldots\ldots\ldots\ldots\ldots\ldots\ldots \quad 0,1173$$

Le coefficient E d'élasticité longitudinale a été pris égal
à 2×10^{10}. La valeur de ∂f est donc

$$\partial f = 0^{m},118.$$

La flèche produite par la charge d'épreuve, qui est la
moitié de la charge permanente et est égale à 800^{kg}, est le
tiers, par conséquent, du nombre précédent ; c'est donc

$$\partial f = 0,039.$$

65. Cherchons maintenant quelle serait la valeur de
l'effort normal R et de la flèche ∂f dans le cas où, le longeron et l'arc cessant d'être solidaires, l'arc supporterait seul
les charges appliquées.

Traçons la nouvelle fibre moyenne (¹) sur la *fig.* 16.
C'est un arc de cercle également distant des arcs d'intrados
et d'extrados. Formons un nouveau Tableau analogue au
précédent, mais ne renfermant que les quantités dont les
valeurs diffèrent de celles de ce Tableau. Ainsi les quantités Z'', M'', par exemple, qui restent les mêmes, n'y figu-
reront pas ; on en prendra les valeurs dans le premier
Tableau. Les nouvelles valeurs des intégrales z_0, z_1, z_2,
μ_0 et μ_1 conduisent aux valeurs suivantes de Q et M_0 :

$$Q = -334800^{kg},$$
$$M_0 = -13800^{kgm}.$$

Ainsi la poussée est plus forte et elle passe plus près du
centre de la section normale à la clef.

Calcul de l'effort normal à la clef.

$$a''\dots\dots\dots\dots\dots\dots\dots\dots\dots\dots\dots\dots\dots\dots\dots\quad -0,0412$$
$$v_i\dots\dots\dots\dots\dots\dots\dots\dots\dots\dots\dots\dots\dots\dots\dots\quad 0,190$$

(¹) Cette courbe est celle qui a été désignée par erreur sur la *fig.* 16 par
les mots *courbe des pressions.*

$$v_e \dots \dots \dots \dots \dots \dots \dots \dots \dots \quad -\,0,190$$

$$\rho^2 = \frac{\mathrm{I}}{\Omega} \dots \dots \dots \dots \dots \dots \dots \quad 0,02178$$

$$\frac{\varpi v_i}{\rho^2} \dots \dots \dots \dots \dots \dots \dots \dots \quad -\,0,3593$$

$$\frac{\mathrm{Q}}{\Omega} \dots \dots \dots \dots \dots \dots \dots \dots \quad -\,6456000$$

$$\frac{\mathrm{Q}}{\Omega}\,\frac{\varpi v_i}{\rho^2} \dots \dots \dots \dots \dots \quad 2320000$$

$$\mathrm{R}_0^i \dots \dots \dots \dots \dots \dots \dots \dots \dots \quad -\,4136000^{kg}$$

$$\mathrm{R}_0^e \dots \dots \dots \dots \dots \dots \dots \dots \dots \quad -\,8776000^{kg}$$

Calcul de l'effort normal aux naissances.

$$\frac{f}{l} = \operatorname{tang}\frac{\alpha}{2} = \frac{5,65}{40,15}.$$

$$\alpha \dots \dots \dots \dots \dots \dots \dots \dots \dots \quad 16^\circ 2'$$

$$1 - \cos\alpha = m_1 \dots \dots \dots \dots \dots \quad 0,03891$$

$$\sin\alpha \dots \dots \dots \dots \dots \dots \dots \dots \quad 0,2762$$

$$\mathrm{X} = \mathrm{Q}\cos\alpha - \mathrm{Z}''\sin\alpha,$$
$$\mathrm{X} = -\,348680,$$

$$\varpi = -\frac{\mathrm{L}}{\mathrm{X}} \dots \dots \dots \dots \dots \dots \quad 0,141$$

$$v_i \dots \dots \dots \dots \dots \dots \dots \dots \dots \quad 0,650$$

$$v_e \dots \dots \dots \dots \dots \dots \dots \dots \dots \quad -\,0,650$$

$$\rho^2 = \frac{\mathrm{I}}{\Omega} \dots \dots \dots \dots \dots \dots \dots \quad 0,265$$

$$\frac{\varpi v_i}{\rho^2} \dots \dots \dots \dots \dots \dots \dots \dots \quad 0,3455$$

$$\frac{\mathrm{X}}{\Omega} \dots \dots \dots \dots \dots \dots \dots \dots \quad -\,5490000$$

$$\mathrm{R}_a^i \dots \dots \dots \dots \dots \dots \dots \dots \dots \quad -\,7387000^{kg}$$

$$\mathrm{R}_a^e \dots \dots \dots \dots \dots \dots \dots \dots \dots \quad -\,3593000^{kg}$$

En prenant pour unité de surface le millimètre carré, les efforts normaux qui précèdent sont :

$$R_0^i = -1^{kg},136,$$
$$R_0^c = -8^{kg},776,$$
$$R_a^i = -7^{kg},387,$$
$$R_a^c = -3^{kg},593.$$

La valeur de la flèche ∂f s'obtient à l'aide des colonnes 17, 18, 19, 20 et 21. On trouve ainsi :

$$\int_0^a \frac{Q}{E\Omega}\,dz\ldots\ldots\ldots\ldots\ldots\ldots\ldots\quad -0,00098$$

$$\int_0^a \frac{M\,x}{EI}\,ds\ldots\ldots\ldots\ldots\ldots\ldots\ldots\quad 0,0931$$

$$\partial f = 0,094.$$

La flèche produite par la charge d'épreuve, égale au tiers de ce chiffre, est

$$\partial f = 0,0313.$$

Il paraît surprenant, ainsi que l'a fait observer M. Darcel dans un Mémoire publié en 1862 dans les *Annales des Ponts et Chaussées*, que la ferme à longeron solidaire, qui constitue une pièce d'une grande raideur, éprouve une flèche plus grande que l'arc. La raison en est dans la valeur plus grande du moment M, qui entre au numérateur de l'expression de ∂f. Dans la ferme, la quantité I qui entre au dénominateur est plus grande que dans l'arc ; mais le moment M est plus grand d'une quantité suffisante pour compenser et au delà la raideur de la pièce mesurée par la grandeur du moment d'inertie I.

I. — Tableau des calculs relatifs à une ferme du pont d'Arcole formée d'un arc
et d'un longeron solidaires.

NUMÉROS d'ordre.	$x.$	$z.$	$h.$	$2\varepsilon.$	$d.$	$\Omega.$	$1.$	$Z'':10^3.$	$\Delta Z'':10^3.$
1	2	3	4	5	6	7	8	9	10
0	0,00	0,00	0,395	0,395	—0,17	0,0519	0,00145	0,00	16,25
1	6,77	0,15	0,410	0,400	—0,17	0,0532	0,00166	16,25	16,25
2	13,55	0,60	0,800	0,480	—0,16	0,0553	0,00447	32,50	16,25
3	20,30	1,25	1,490	0,600	—0,10	0,0565	0,01567	48,75	16,25
4	26,98	2,18	2,520	0,770	0,02	0,0582	0,04736	65,00	16,25
5	33,70	3,35	3,900	0,950	0,18	0,0600	0,19235	81,25	16,25
6	40,30	4,80	5,645	1,300	0,29	0,0635	0,25630	97,50	16,25

I. — Tableau des calculs relatifs à une ferme du pont d'Arcole formée d'un arc
et d'un longeron solidaires. (Suite.)

NUMÉROS d'ordre.	z	$\Delta M'' : 10^3$	$M'' : 10^3$	$\dfrac{1}{I}$	$\displaystyle\int_0^a \dfrac{ds}{I}$	$\dfrac{z}{I}$	$\displaystyle\int_0^a \dfrac{z}{I}\,ds$	$\dfrac{z^2}{I}$	$\displaystyle\int_0^a \dfrac{z^2}{I}\,ds$
	11	12	13	14	15	16	17	18	19
0	3,385 (m)	55,0	0,0	689,6		0,0		0,00	
1	10,155	165,0	55,0	622,0		93,3		14,00	
2	16,90	274,7	225,0	223,8	$z_0 = 8910,0$	134,2		80,52	
3	23,63	384,0	494,7	63,8	$\dfrac{\Delta s}{3} = 2,257$	84,6	$z_1 = 2620,0$	165,80	$z_2 = 2625,0$
4	30,30	492,3	878,7	21,1		46,0		100,30	
5	36,98	601,0	1371,0	5,20		17,4		58,30	
6			1972,0	3,90		18,7		89,70	

I. — Tableau des calculs relatifs à une ferme du pont d'Arcole formée d'un arc
et d'un longeron solidaires. (Suite.)

NUMÉROS d'ordre.	$\frac{1}{\Omega}$.	$\int_0^a \frac{ds}{\Omega}$.	$Z''x : 10^3$.	$(Z''x - M'') : 10^3$.	$\frac{Z''x - M''}{1} : 10^5$.	$\int_0^a \frac{Z''x - M''}{1} ds$.	$\frac{Z''x - M''}{1} z : 10^6$.
	20	21	22	23	24	25	26
0	19,27		0,0	0,0	0,00		0,000
1	18,80		110,0	55,0	34,21		5,132
2	18,08		440,5	220,0	49,236		29,542
3	17,70	$m = 718,0$	990,0	494,7	31,55	$z_u = 980000000,0$	39,437
4	17,17		1753,0	874,3	18,45		40,25
5	16,67		2736,0	1365,0	7,00		23,45
6	15,75		3925,0	1953,0	7,62		36,55

I. — Tableau des calculs relatifs à une ferme du pont d'Arcole formée d'un arc
et d'un longeron solidaires. (Suite.)

NUMÉROS d'ordre.	$\int_0^a \dfrac{Z''x - M''}{1} z\,ds.$	$Qz : 10^3.$	$M : 10^3.$	$\dfrac{x}{1}.$	$\dfrac{Mx}{1} : 10^4.$	$\int_0^a \dfrac{Mx}{1}\,ds.$
	27	28	29	30	31	32
0		0,00	— 22,9	0,0	0,0	
1		— 42,18	— 10,10	4210,0	— 42,5	
2		— 168,72	— 28,4	3633,0	— 86,2	
3	$z_1 = 1012000000,0$	— 351,5	— 119,0	1295,0	— 154,0	$\int_0^a \dfrac{Mx}{1}\,ds = 0,1173$
4		— 613,0	+ 38,4	569,6	— 135,7	
5		— 942,0	+ 100,0	175,2	+ 70,08	
6		— 1352,0	+ 578,10	157,2	+ 90,70	

II. — Tableau des calculs relatifs au même pont, en supposant que la charge repose sur l'arc seul.

NUMEROS d'ordre.	$x.$	$z.$	$\Omega.$	$I.$	$\frac{1}{I}.$	$\int_0^a \frac{ds}{I}.$	$\frac{z}{I}.$	$\int_0^a \frac{z}{I}ds.$
1	2	3	4	5	6	7	8	9
0	0,00 m	0,00	0,0519	0,00113	885,00		0,00	
1	6,77	0,15	0,0532	0,00120	833,00		124,95	
2	13,55	0,60	0,0553	0,00191	524,00		314,40	
3	20,30	1,41	0,0565	0,00313	319,30	$z_0 = 16800,0$	450,50	$z_1 = 13660,0$
4	26,90	2,54	0,0582	0,00541	184,80		469,50	
5	33,56	3,94	0,0600	0,00854	117,20		462,00	
6	40,15	5,65	0,0635	0,01682	59,40		335,50	

II. — Tableau des calculs relatifs au même pont, en supposant que la charge repose sur l'arc seul. (Suite.)

NUMÉROS d'ordre.	$\dfrac{z^2}{I}$.	$\displaystyle\int_0^a \dfrac{z^2}{I}\,ds.$	$(Z''x - M'') : 10^3.$	$\dfrac{Z''x - M''}{I} : 10^6.$	$\displaystyle\int_0^a \dfrac{Z''x - M''}{I}\,ds.$	$\dfrac{Z''x - M''}{I}\,z : 10^6.$
	10	11	12	13	14	15
0	0,00		0,0	0,00		0,00
1	18,73		55,0	45,80		6,87
2	188,60		220,0	115,28		69,17
3	635,60	$z_2 = 32860,0$	491,7	158,00	$\mu_0 = 4800000000,0$	222,80
4	1193,00		874,3	161,60		410,50
5	1820,00		1365,0	160,00		631,00
6	1895,00		1953,0	116,00		655,00

II. — **Tableau des calculs relatifs au même pont, en supposant que la charge repose sur l'arc seul.** (Suite.)

NUMÉROS d'ordre.	$\int_0^a Z''x \frac{M''}{I} ds.$ 16	$Q : 10^3.$ 17	$M : 10^3.$ 18	$\frac{x}{I}.$ 19	$\frac{M.x}{I} : 10^6.$ 20	$\int_0^a \frac{M.x}{I} ds.$ 21
0		0,00	−13,80	0,0	0,00	
1		50,24	− 9,04	5636,0	− 50,90	
2		200,80	+ 5,40	7100,0	+ 39,11	
3	$g_1 = 11400000000,0$	472,50	+ 8,40	6484,0	+ 54,44	$\int_0^a \frac{M.x}{I} ds = 0,0931$
4		851,00	+ 9,50	4972,0	+ 47,23	
5		1318,00	+ 33,20	3930,0	+130,50	
6		1890,00	+ 49,20	2384,0	+117,25	

66. Nous avons vu que la hauteur de l'arc dans les fermes du pont d'Arcole va en croissant depuis $0^m,380$ à la clef jusqu'à $1^m,300$ aux naissances. Cette hauteur aux naissances pour une section double T dont l'âme n'a que $0^m,010$ étant considérable, on a été obligé de la raidir par une série de barres de fer en T simple, ployées en forme d'U polygonaux et se rivant dos à dos sur l'âme et les nervures à $1^m,50$ d'axe en axe. La solidarité établie entre l'arc et le longeron permettant de faire entrer dans les calculs le moment d'inertie de l'ensemble des deux sections de l'arc et du longeron, et ce moment étant considérable par suite de l'écartement de ces deux pièces du côté des naissances, on peut se demander s'il est réellement utile d'augmenter la hauteur de l'arc aux naissances. On reconnaît d'abord que l'on diminue un peu ainsi le moment d'inertie de la section d'ensemble de la ferme; d'autre part, on relève un peu la fibre moyenne aux naissances, qui sans cela serait DEF au lieu de ABC (*fig.* 16), ce qui augmente le surbaissement. Par ce double motif, il semble préférable *a priori* de donner à l'arc une section constante dans toute son étendue (¹). Nous avons été conduit dès lors à recommencer les calculs qui conduisent à la détermination des efforts normaux à la clef et aux naissances, tant à l'intrados qu'à l'extrados, en supposant la section de l'arc constante. Ces calculs sont renfermés dans les colonnes 1 à 15 du Tableau ci-après. Les valeurs de Q et M_0 ainsi obtenues sont

$$Q = -279500^{kg},$$
$$M_0 = -25300^{kgm}.$$

(¹) La hauteur constante de cet arc, qui serait égale à $0^m,380$, est représentée sur la *fig.* 16 par la distance de la courbe d'intrados 1, 2, 3, 4, 5, 6, à la courbe dont on voit une amorce ponctuée en points ronds près des naissances.

Calcul de l'effort normal à la clef.

$$a' = -\frac{M_0}{Q} \dots \qquad -0,0905$$

$$\frac{Q}{\Omega} \dots \qquad -5384000$$

$$v_i \dots \qquad 0,228$$

$$v_e \dots \qquad -0,167$$

$$\rho^2 \dots \qquad 0,02795$$

$$\frac{a v_i}{\rho^2} \dots \qquad -0.7384$$

$$R_0^i \dots \qquad -1408000^{\text{kg}}$$

$$\frac{a v_e}{\rho^2} \dots \qquad 0,5406$$

$$R_0^e \dots \qquad -8294000^{\text{kg}}$$

Calcul de l'effort normal aux naissances.

$$\operatorname{tang}\frac{\alpha}{2} = \frac{f}{l} = \frac{1,987}{10,15} \dots \qquad 0,1242$$

$$\alpha \dots \qquad 14°10'$$

$$1 - \cos\alpha = m_1 \dots \qquad 0.0370$$

$$\sin\alpha \dots \qquad 0,2444$$

$$X = Q\cos\alpha - Z''\sin\alpha,$$

$$X \dots \qquad -293000^{\text{kg}}$$

$$L = (Z''x - M'' + Qz)_a + M_0,$$

$$L \dots \qquad 533700$$

$$a' = -\frac{L}{X} \dots \qquad 1,820$$

$$v_i \dots \qquad 1,400$$

$$v_e \dots \qquad -4,245$$

$$\rho^2 \dots \qquad 4,032$$

14.

$$\frac{\omega'}{\rho^2} \dots\dots\dots\dots\dots\dots\dots\dots\dots\dots\dots\dots 0,4512$$

$$\frac{\omega'}{\rho^2} c'_i \dots\dots\dots\dots\dots\dots\dots\dots\dots\dots 0,632$$

$$\frac{X}{\Omega} \dots\dots\dots\dots\dots\dots\dots\dots\dots\dots\dots -4615000^{kg}$$

$$R'_{i} \dots\dots\dots\dots\dots\dots\dots\dots\dots\dots\dots -7530000^{kg}$$

$$\frac{\omega'}{\rho^2} c'_e \dots\dots\dots\dots\dots\dots\dots\dots\dots\dots -1,915$$

$$R'_{e} \dots\dots\dots\dots\dots\dots\dots\dots\dots\dots\dots 4222000^{kg}$$

En prenant pour unité de surface le millimètre carré, les quatre valeurs précédentes de l'effet normal deviennent

$$R'_{0} = -1^{kg},408,$$
$$R''_{0} = -8^{kg},294,$$
$$R'_{i} = -7^{kg},530,$$
$$R''_{e} = 4,222.$$

Ces résultats, comparés à ceux que nous avons obtenus dans le cas de la solidarité de l'arc et du longeron, confirment ce que nous avions pressenti : c'est que, dans le cas de fermes constituées comme celles du pont d'Arcole, il est inutile de faire croître la hauteur de la section de l'arc depuis la clef jusqu'aux naissances. L'effort normal ne serait pas plus grand dans le métal de ce pont si l'arc n'avait partout qu'une hauteur de $0^m,380$ comme à la clef. Mais il faut que la solidarité produite par les tympans soit aussi complète que possible. En supprimant les raidisseurs de l'âme de l'arc, il conviendrait d'utiliser le métal ainsi économisé pour développer l'ampleur des pièces du tympan et de ses assemblages avec l'arc et le longeron.

III. — Tableau des calculs relatifs à une ferme du pont d'Arcole formée d'un arc et d'un longeron solidaires, l'arc ayant une section constante de 0^m,380 de hauteur dans toute son étendue.

NUMÉROS d'ordre.	I.	$\frac{1}{I}$	Ω.	x.	z.	$\int_0^a \frac{ds}{I}$.	$\frac{z}{I}$.	$\int_0^a \frac{z}{I}\,ds$.
1	2	3	4	5	6	7	8	9
0	0,00145	689,60	0,0519	0,00	0,000		0,00	
1	0,00166	642,00	0,0532	6,77	0,155		96,40	
2	0,00435	230,00	0,0553	13,55	0,621		142,80	
3	0,01590	62,90	0,0565	20,30	1,297	$z_0 = 8920$	81,64	$z_1 = 2650$
4	0,05020	19,92	0,0582	26,90	2,263		45,65	
5	0,20410	4,89	0,0600	33,56	3,479		17,02	
6	0,27630	3,62	0,0635	40,15	4,987		18,65	

III. — Tableau des calculs relatifs à une ferme du pont d'Arcole formée d'un arc et d'un longeron solidaires, l'arc ayant une section constante de 0^m,380 de hauteur dans toute son étendue. (Suite.)

NUMÉROS d'ordre.	$\dfrac{z^2}{I}$.	$\displaystyle\int_0^a \dfrac{z^2}{I}\,ds.$	$\dfrac{Z''x - M''}{I} : 10^6.$	$\displaystyle\int_0^a \dfrac{Z''x - M''}{I}\,ds.$	$\dfrac{Z''x - M''}{I}\,z : 10^6.$	$\displaystyle\int_0^a \dfrac{Z''x - M''}{I}\,ds.$
	10	11	12	13	14	15
0	0,00		0,00		0,00	
1	14,94		34,21		5,30	
2	88,70		49,24		30,55	
3	105,80	$z_2 = 9686$	31,12	$\mu_0 = 966\ 000\ 000$	40,50	$\mu_1 = 1\ 018\ 000\ 000$
4	101,90		17,43		39,45	
5	59,90		6,67		23,20	
6	90,04		7,97		35,25	

ARTICLE III.

EFFET D'UN POIDS ISOLÉ ET D'UNE CHARGE RÉPARTIE SUR UNE FRACTION DE LA LONGUEUR DE LA PIÈCE.

67. *Effet d'un poids isolé.*— Soit P′ (*fig.* 19) un poids appliqué au point m' de la fibre moyenne AB, ayant pour abscisse $x = x'$. La répartition des charges n'étant plus symétrique, la valeur de P, réaction verticale de l'appui de droite, n'est plus égale à la moitié Π du poids total de la construction. Elle est alors donnée par l'équation (8) du n° 52, dans laquelle m_2 et x_2 sont donnés par les formules (f) du même numéro, savoir :

$$P = \frac{m_2}{x_2},$$

$$m_2 = \int_{-a}^{'} \frac{\mathrm{M}'x}{\mathrm{I}}\, ds,$$

$$x_2 = \int_{-a}^{a} \frac{x^2}{\mathrm{I}}\, ds.$$

Le moment M′ est donné par la formule (14) du n° 35, savoir

$$(\mathrm{A}) \qquad \mathrm{M}' = \mathrm{M}''_a - \mathrm{M}'' - (\Pi - \mathrm{Z}'')\, x,$$

dans laquelle M''_a, moment par rapport au point O de la résultante des forces appliquées à OB, est égal à P′x', et, M″, moment par rapport au même point O de la résultante appliquée depuis ce point jusqu'au point que l'on considère, ayant pour abscisse x, est égal à zéro pour toutes les valeurs de x plus petites que x' comprises entre le point A et le point m, et à $P'x'$ pour toutes les valeurs plus grandes. La constante H, résultante des forces appliquées de O en B, est égale à P'. Enfin, la quantité Z'' est nulle pour les valeurs de x plus petites, et égale à P' pour les valeurs de x plus grandes que x'. On a donc pour les valeurs de M' entre A et m'

$$M' = P'(x' - x),$$

et entre m' et B

$$M' = 0.$$

La valeur de l'intégrale m_2 se réduira donc à celle de la partie de cette intégrale comprise entre $-a$ et x', et l'on aura

$$m_2 = P' \int_{-a}^{x'} \frac{(x' - x)x}{I} \, ds.$$

Dans les arcs surbaissés de section constante où I est constant et ds peu différent de dx, on a

$$m_2 = -\frac{P'}{I} \left(\frac{a^3}{3} + \frac{a^2 x'}{2} - \frac{x'^3}{6} \right),$$

$$x_2 = \frac{2}{3} \frac{a^3}{I}.$$

Il en résulte

$$P = \frac{m_2}{x_2} = -P' \left(\frac{1}{2} + \frac{3}{4} \frac{x'}{a} - \frac{1}{4} \frac{x'^3}{a^3} \right).$$

Cette valeur se réduit à $-\dfrac{P'}{2}$ pour $x' = 0$ et à $-P'$ pour $x' = a$, ainsi que cela doit être.

Pour obtenir la valeur de Q, il suffira d'introduire les valeurs précédentes de Z'' et M'' dans les intégrales

$$\mathcal{P}_0 = \int_{-a}^{a} \frac{Z''x - M''}{I} \, ds,$$

$$\mathcal{P}_1 = \int_{-a}^{a} \frac{Z''x - M''}{I} \, z\,ds.$$

Les éléments de ces intégrales étant nuls entre les points A et m', leurs valeurs se réduisent à celles de la partie comprise entre m' et B, savoir :

$$\mathcal{P}_0 = \int_{x'}^{a} \frac{P'(x - x')}{I} \, ds,$$

$$\mathcal{P}_1 = \int_{x'}^{a} \frac{P'(x - x')}{I} \, z\,ds.$$

Pour les arcs de forme parabolique et de section constante où $ds = dx$, I est constant et z est donné par l'équation

$$z = \frac{x^2}{2p} = \frac{f x^2}{a^2},$$

on obtient

$$\mathcal{P}_0 = \frac{P'}{2I} (a - x')^2,$$

$$\mathcal{P}_1 = \frac{P'f}{I} \left(\frac{a^2}{4} - \frac{ax'^3}{3} + \frac{x'^4}{12\,a^2} \right).$$

Nous avons trouvé (n° 52) dans les mêmes hypothèses,

pour z_0, z_1, z_2 et m,

$$z_0 = \frac{2a}{I},$$

$$z_1 = \frac{a^3}{3p\,I} = \frac{2af}{3I},$$

$$z_2 = \frac{a^5}{10p^2\,I} = \frac{2af^2}{5I},$$

$$m = \frac{2a}{\Omega}.$$

La valeur de Q donnée par la formule (1) du n° 60 est donc

$$(C) \qquad Q = - \frac{P'f\left(a - \frac{x'^2}{a}\right)^2}{a\left(\frac{32}{15}f^2 + 24\rho^2\right)},$$

dans laquelle $\rho^2 = \dfrac{I}{\Omega}$ est le carré du rayon de gyration de la section constante.

Lorsque $x' = 0$, c'est-à-dire quand la force P' est placée au milieu de l'arc, on a

$$Q = - \frac{P'a}{\frac{32}{15}f + \frac{24\rho^2}{f}}.$$

Si P' était réparti sur toute la longueur de l'arc, on aurait, en vertu de la formule (D) du n° 60, Π étant égal à $\dfrac{P'}{2}$,

$$Q = - \frac{P'a}{4f + \frac{15\rho^2}{f}},$$

quantité environ deux fois moindre que la précédente.

Lorsque $x' = a$, la valeur de Q donnée par la formule (c) est égale à zéro, ainsi que cela doit être.

68. *Effet d'une charge répartie sur une portion de la fibre moyenne.* — Soit p (*fig.* 20) le poids appliqué par mètre courant de longueur de la fibre moyenne depuis un point m' ayant pour abscisse x' jusqu'au point m'' ayant pour abscisse x''.

Supposons, pour fixer les idées, que le point m' soit à droite de l'origine O. Dans ce cas, M''_a, premier terme du second membre de l'équation (A), est égal à

$$\int_{x'}^{x''} p\,x\,ds.$$

Le moment M'' par rapport au point O de la résultante des charges appliquées à la pièce depuis l'origine jusqu'au point m, centre de la section normale que l'on considère, par rapport auquel on prend le moment M', est constamment nul pour les sections placées entre les points A et m'. Entre les points m' et m'', il est variable et égal à

$$\int_{x'}^{x} p\,x\,ds,$$

et entre les points m'' et B il est constamment égal à

$$\int_{x'}^{x''} p\,x\,ds.$$

La résultante Π des forces appliquées depuis l'origine O jusqu'au point B est égale à

$$\int_{x'}^{x''} p\,ds.$$

Enfin, la résultante Z'' des forces appliquées depuis le point O jusqu'au point m est constamment nulle entre les points A et m', égale à

$$\int_{m'}^{m''} p\, ds$$

entre les points m' et m'', et constamment égale à

$$\int_{m'}^{m''} p\, ds$$

entre les points m'' et B. Posons, pour abréger,

$$\int_{m'}^{m''} p\, ds = \mathrm{P}',$$

$$\int_{m'}^{m''} p x\, ds = \mathrm{N}',$$

$$\int_{m'}^{m''} p\, ds = \mathrm{P},$$

$$\int_{m'}^{m''} p x\, ds = \mathrm{N}.$$

Les valeurs de M' seront égales à $\mathrm{N}' - \mathrm{P}'x$ entre les points A et m', à $\mathrm{N}' - \mathrm{P}'x - (\mathrm{N} - \mathrm{P}x)$ entre les points m' et m'', et nulles entre m'' et B. L'intégrale m_2 sera donc

$$m_2 = \int_{m''}^{x''} \frac{\mathrm{N}' - \mathrm{P}'x}{\mathrm{I}} x\, ds - \int_{m'}^{m''} \frac{\mathrm{N} - \mathrm{P}x}{\mathrm{I}} x\, ds.$$

Appliquons cette formule aux arcs surbaissés de section constante.

Les quantités P et N deviendront d'abord

$$P = p(x - x'),$$

$$N = p\,\frac{x^2 - x'^2}{2},$$

et l'intégrale m_2 est

$$m_2 = \frac{p}{l}\left[\frac{7}{24}x''^4 - \frac{x'^2}{4}\left(x''^2 + \frac{x'^2}{6}\right) - a^2\,\frac{x''^2 - x'^2}{2} - a^3\,\frac{x'' - x'}{3}\right].$$

L'intégrale x_2 conserve la même valeur, savoir

$$x_2 = \frac{2}{3}\frac{a^3}{l},$$

et la réaction verticale de l'appui de droite, que nous désignerons par P_1, sera

$$P_1 = p\left[\frac{7}{16}\frac{x''^3}{a^3} - \frac{x'^2}{16a^3}(6x''^2 + x'^2) - \frac{3}{4a}(x''^2 - x'^2) - \frac{x'' - x'}{2}\right].$$

Si l'on fait dans cette expression $x' = x''$, elle devient égale à zéro, ainsi que cela doit être. Si l'on suppose que le point m' est le symétrique du point m'', la valeur de P_1 doit être égale à la moitié de la charge P' appliquée sur l'arc $m'm''$, c'est-à-dire à px' pris avec le signe $-$, puisque la réaction est dirigée de bas en haut. C'est, en effet, la valeur que prend le second membre de l'équation précédente quand on y remplace x'' par x' et x' par $-x'$.

Lorsque la charge est appliquée sur le demi-arc de droite suivant une répartition uniforme, on obtient la valeur de P_1 en faisant dans l'équation précédente $x' = 0$, $x'' = a$. On obtient ainsi

$$P_1 = -\frac{13}{16}pa.$$

Cherchons la valeur de la poussée Q dans la même hypothèse de $x' = 0$, $x'' = a$.

Les intégrales μ_0 et μ_1, prises depuis $-a$ jusqu'à $+a$, se réduisent à la partie de ces intégrales comprise entre zéro et a, puisque Z'' et M'' sont constamment nuls pour le demi-arc de gauche. La valeur de Q est donc la moitié de celle qui est donnée par la formule (D) du n° 60, dans laquelle on remplace Π par pa. On aura donc

$$Q = - \frac{pa^2}{4f + \dfrac{15f^2}{f}}.$$

CHAPITRE VI.

VOUTES ET ARCS SURBAISSÉS.

69. Les équations fondamentales (1) du n° 25, démontrées dans le Chapitre Ier, peuvent recevoir une simplification importante dans le cas très-étendu des voûtes et arcs à intrados surbaissé. En effet, la résultante Z des efforts tranchants dans une section quelconque est alors très-petite, et la résultante X des efforts normaux est à peu près constante et égale à Q. On peut donc faire alors dans les équations (1) $Z = 0$, $X = Q$, ce qui les réduit à

$$(1) \qquad d\partial q = \frac{M\,ds}{EI},$$

$$(2) \qquad d\partial x = \left(\frac{Q}{E\Omega} + \tau \right) dx - \partial q\,dz,$$

$$(3) \qquad d\partial z = \left(\frac{Q}{E\Omega} + \tau \right) dz + \partial q\,dx.$$

dans lesquelles ∂q, ∂x, ∂z sont les variations relatives au point m (*fig.* 21).

Soient Z'' la résultante des forces appliquées à la pièce depuis l'origine O jusqu'au point m, M'' le moment de cette résultante par rapport au point O, M_0 la valeur du moment M pour la section à la clef.

La valeur du moment M pour une section quelconque est

$$(a) \qquad M = Z'' x - M'' + Q z + M_0 - P x - Z''_a x.$$

Intégrons l'équation (1) depuis le point A jusqu'au point m ; nous aurons

$$\delta q = \int_{-a}^{r} \frac{M \, ds}{EI}.$$

Mettons cette valeur dans les équations (2) et (3), elles deviendront

$$(4) \qquad \begin{cases} d \, \delta x = \left(\dfrac{Q}{E \Omega} + \tau \right) dx - dz \displaystyle\int_{-a}^{r} \frac{M}{EI} \, ds, \\[3mm] d \, \delta z = \left(\dfrac{Q}{E \Omega} + \tau \right) dz + dx \displaystyle\int_{-a}^{r} \frac{M}{EI} \, ds. \end{cases}$$

Intégrons maintenant les équations (1) et (4) entre les deux extrémités de l'arc AB ; nous aurons

$$(5) \qquad \int_{-a}^{a} \frac{M \, ds}{EI} = 0,$$

$$(6) \qquad \int_{-a}^{a} \left(\frac{Q}{E \Omega} + \tau \right) dx - \int_{-a}^{a} dz \int_{-a}^{r} \frac{M}{EI} \, ds = 0,$$

$$(7) \qquad \int_{-a}^{a} \left(\frac{Q}{E \Omega} + \tau \right) dz + \int_{-a}^{a} dx \int_{-a}^{x} \frac{M}{EI} \, ds = 0.$$

Or, en intégrant par parties, on obtient

$$\int_{-a}^{a} dz \int_{-a}^{x} \frac{M}{EI} \, ds = \int_{-a}^{a} (f - z) \frac{M}{EI} \, ds,$$

$$\int_{-a}^{a} dx \int_{-a}^{x} \frac{M}{EI} \, ds = \int_{-a}^{a} (a - x) \frac{M}{EI} \, ds,$$

et les seconds membres des deux équations précédentes se
réduisent à

$$-\int_{-a}^{a} \frac{M z}{EI}\, ds,$$

$$-\int_{-a}^{a} \frac{M x}{EI}\, ds,$$

en vertu de l'équation (5). Remplaçant M par sa valeur (a)
dans les deux équations (5) et (6), elles deviennent

$$(8) \quad \begin{cases} Q z_1 + M_0 z_0 + \mu_0 = 0, \\ Q m + 2 a E \tau + Q z_2 + M_0 z_1 + \mu_1 = 0, \end{cases}$$

dans lesquelles les lettres z_0, z_1, z_2, μ_0, μ_1 et m ont les
valeurs suivantes :

$$(9) \quad \begin{cases} z_0 = \displaystyle\int_{-a}^{a} \frac{ds}{I}, \\[2ex] z_1 = \displaystyle\int_{-a}^{a} \frac{z}{I}\, ds, \\[2ex] z_2 = \displaystyle\int_{-a}^{a} \frac{z^2}{I}\, ds, \\[2ex] \mu_0 = \displaystyle\int_{-a}^{a} \frac{Z'' x - M''}{I}\, ds, \\[2ex] \mu_1 = \displaystyle\int_{-a}^{a} \frac{Z'' x - M''}{I}\, z\, ds, \\[2ex] m = \displaystyle\int_{-a}^{a} \frac{dx}{\Omega}. \end{cases}$$

On tire des deux équations (8)

$$(10) \qquad Q = - \cfrac{\mu_1 - \mu_0 \dfrac{z_1}{z_0} + 2 a \mathrm{E} \tau}{z_2 - \dfrac{z_1^2}{z_0} + m},$$

$$(11) \qquad \mathrm{M}_0 = - Q \frac{z_1}{z_0} - \frac{\mu_0}{z_0}.$$

Substituons maintenant la valeur (a) de M dans l'équation (7); elle devient

$$m_2 - \mathrm{Z}''_a x_2 - \mathrm{P} x_2 = 0,$$

dans laquelle x_2 et m_2 ont les valeurs suivantes :

$$x_2 = \int_{-a}^{a} \frac{x^2}{\mathrm{I}}\, ds,$$

$$m_2 = \int_{-a}^{a} \frac{\mathrm{Z}'' x - \mathrm{M}''}{\mathrm{I}}\, x\, ds.$$

La résultante X des efforts normaux dans une section quelconque passant par le point m est donnée par l'équation

$$\mathrm{X} = Q \cos \omega - \mathrm{Z}'' \sin \omega,$$

ω étant l'angle que la tangente à la fibre moyenne au point m fait avec l'axe des x. La quantité M donnée par l'équation (a) est le moment de cette résultante par rapport au centre m de la section. Si donc on désigne par u la distance de son point d'application au point m, u étant positif au-dessous de l'arc, on aura

$$u = - \frac{\mathrm{M}}{\mathrm{X}}.$$

L'effort normal R par unité de surface en un point quelconque de la section normale, dont la distance à l'axe mené par le point m perpendiculairement au plan de la figure est désigné par v, sera donné par l'équation suivante :

$$ \mathrm{R} = \frac{\mathrm{X}}{\Omega}\left(1 + \frac{uv}{\rho^2}\right), $$

ρ^2 étant le carré du rayon de gyration de la section normale en m ou le rapport $\dfrac{\mathrm{I}}{\Omega}$.

Dans le cas d'une pièce à fibre moyenne parabolique de section constante et où la charge est répartie uniformément suivant la corde, les intégrales (9) se calculent immédiatement.

70. Lorsque la fibre moyenne est circulaire, la section constante et que la charge par unité de longueur de l'arc va en croissant de la clef aux naissances, suivant une loi représentée par la fonction de ω, $\dfrac{1}{r}[\mathrm{A} + \mathrm{B}(1 - \cos\omega)]$, où r est le rayon de l'arc, A et B deux coefficients constants, en sorte que les valeurs de Z'' et M'' en fonction de ω soient données par les équations suivantes :

$$ \mathrm{Z}'' = \mathrm{A}\omega + \mathrm{B}(\omega - \sin\omega), $$
$$ \mathrm{M}'' = r\mathrm{A}(1 - \cos\omega) + r\mathrm{B}\,\frac{(1 - \cos\omega)^2}{2}, $$

les intégrales (9) deviennent

$$ z_0 = \frac{r}{\mathrm{I}}\rho_0, $$

$$ z_1 = \frac{r^2}{\mathrm{I}}\Delta, $$

$$ z_2 = \frac{r^3}{\mathrm{I}}\Delta', $$

$$\mu_0 = \frac{r^2 A}{I}\left(\Delta - \Delta'_1\right) + \frac{r^2 B}{I}\left(\tfrac{1}{2}\Delta' - \Delta'_1\right),$$

$$\mu_1 = \frac{r^3 A}{I}\left(\Delta' - \Delta''_1\right) + \frac{r^3 B}{I}\left(\tfrac{1}{2}\Delta'' - \Delta''_1\right),$$

$$m = \frac{2\,r}{\Omega}\sin\alpha,$$

les lettres ρ_0, Δ, Δ', Δ'', Δ'_1, Δ''_1 ayant la même signification que dans les n°s 39 et suivants.

En mettant ces valeurs dans la formule (10), on obtient

$$(A) \qquad Q = -\,\frac{A\left(\delta - \delta_2\right) + B\left(\tfrac{1}{2}\delta_1 - \delta_2\right) + rE\tau I \sin\alpha}{\delta + \dfrac{\rho^2}{r^2}\sin\alpha}.$$

Dans cette formule, les lettres δ, δ_1 et δ_2 ont une valeur donnée par la première formule (23) et les deux formules (28) du n° 35. Le coefficient 2 a disparu du terme $2a E\tau$ du numérateur ainsi que du terme du dénominateur provenant de m, parce que nous avons remplacé toutes les intégrales par leurs moitiés prises depuis $\omega = 0$ jusqu'à $\omega = \alpha$, conformément à l'observation placée au commencement du n° 39. En faisant la même substitution dans la formule (11), on obtient

$$M_0 = -\,rQ\,\frac{\Delta}{\rho_0} - rA\,\frac{\Delta - \Delta'_1}{\rho_0} - rB\,\frac{\tfrac{1}{2}\Delta' - \Delta'_1}{\rho_0}.$$

C'est la quantité à laquelle se réduit la valeur donnée par la formule (33) du n° 36 pour la quantité M, quand on y fait $\omega = 0$. La lettre D, qui entre dans cette formule, représente, en effet, la somme $Q + A$ [*voir* la formule (30) du même numéro].

Les nombres δ, δ_1, δ_2, qui entrent dans la valeur (A) de Q, sont donnés par les formules (4) du n° **41**, abstraction faite du coefficient $\frac{1}{I}$ en dehors de la parenthèse.

La Table III contient les valeurs de $\frac{\delta_2}{\delta}$ et de $\frac{\delta_2 - \frac{1}{2}\delta_1}{\delta}$, représentées par q_1 et q_2 en tête des colonnes de cette Table.

La Table V contient les valeurs de $\frac{\sin\alpha}{\delta}$ qui serviront à calculer le terme du numérateur relatif à la variation de température et le terme complémentaire du dénominateur.

Enfin les quantités

$$\frac{\Delta}{\rho_0} = l_1,$$

$$\frac{\Delta'_1}{\rho_0} = l_2,$$

$$\frac{\frac{1}{2}\Delta' - \Delta'_1}{\rho_0} = l_3$$

[*voir* formules (*b*) du n° **41**] sont données par la Table IV.

Dans le cas général où la fibre moyenne de la pièce a une forme quelconque, où la section normale est variable et où la charge est répartie d'une manière quelconque, les intégrales (9) s'effectueront par la formule de Thomas Simpson.

Les formules très-simples qui viennent d'être présentées dans ce dernier Chapitre sont celles dont on fera le plus fréquemment usage, non-seulement parce que les voûtes et arcs surbaissés sont ceux que l'on emploie le plus habituellement aujourd'hui dans les constructions, mais parce qu'elles sont encore d'une exactitude suffisamment approchée dans la plupart des autres cas. Il suffit pour s'en convaincre de remarquer que les formules (1), (2) et (3), placées au commencement du présent Chapitre, d'où nous avons déduit les nouvelles formules, diffèrent moins des formules complètes (1) du n° 25 que ne font les formules incomplètes (2) du même numéro. Or, ces dernières fournissent à elles seules des résultats qui sont en général suffisamment exacts. Cela résulte de ce que l'hypothèse de M. Bresse que j'ai adoptée, et qui conduit aux formules complètes (1), diffère généralement très-peu de celle de Bernoulli et Poisson, dont il est question dans l'avertissement placé en tête de cet Ouvrage et qui conduit aux formules incomplètes (2), ainsi que je l'ai démontré page 37, à la fin du n° 24.

FIN.

TABLE DES MATIÈRES.

5097   Paris. — Imp. de Gauthier-Villars, quai des Grands-Augustins, 55.